高职高专机电类专业规划教材

可编程序控制器技术及应用
项目式教程（S7-200）

主　编　程秀玲　张　燕

副主编　张丽娟　李兰云　薛小倩

参　编　单水维　宋　利

主　审　石　磊

机械工业出版社

本书以西门子 S7-200 PLC 为例，结合实训设备进行编写，共分为 8 个项目、37 个任务。其中项目一讲解 PLC 概述，项目二讲解 PLC 基本指令编程及应用，项目三讲解 PLC 数据处理指令编程及应用，项目四讲解运用顺序功能图编写程序并对对象进行控制，项目五讲解应用 PLC 对抢答器、喷泉和十字路口交通灯进行自动控制，项目六讲解应用 PLC 对洗衣机、装配流水线和自动成型系统进行自动控制，项目七讲解应用 PLC 对多种液体混合系统、机械手和四级传送带进行控制，项目八讲解 PLC 对三相异步电动机的基本控制。

本书适用于高等职业院校、成教学院的机电一体化技术专业、电气自动化技术专业、生产过程自动化技术专业、风电专业及数控专业等的教材。

为方便教学，本书备有免费电子课件、章后习题解答，凡选用本书作为授课教材的学校均可来电索取，咨询电话：010-88379375。

图书在版编目（CIP）数据

可编程序控制器技术及应用项目式教程：S7-200/程秀玲，张燕主编 .—北京：机械工业出版社，2013.7（2015.1 重印）
高职高专机电类专业规划教材
ISBN 978-7-111-42958-6

Ⅰ.①可…　Ⅱ.①程…②张…　Ⅲ.①可编程序控制器 – 高等职业教育 – 教材　Ⅳ.①TM571.6

中国版本图书馆 CIP 数据核字（2013）第 133696 号

机械工业出版社（北京市百万庄大街 22 号　邮政编码 100037）
策划编辑：于　宁　责任编辑：于　宁　曹雪伟
版式设计：常天培　责任校对：张　媛
封面设计：陈　沛　责任印制：乔　宇
北京机工印刷厂印刷（三河市南杨庄国丰装订厂装订）
2015 年 1 月第 1 版第 2 次印刷
184mm×260mm · 11.5 印张 · 281 千字
3 001—5 000 册
标准书号：ISBN 978-7-111-42958-6
定价：25.00 元

凡购本书，如有缺页、倒页、脱页，由本社发行部调换

电话服务　　　　　　　　　　网络服务
服务咨询热线：（010）88379833　　机工官网：www.cmpbook.com
读者购书热线：（010）88379649　　机工官博：weibo.com/cmp1952
　　　　　　　　　　　　　　　教育服务网：www.cmpedu.com
封面无防伪标均为盗版　　　　金书网：www.golden-book.com

前　言

可编程序控制器简称为 PLC，是近年来发展迅速的工业自动控制装置，它结构简单，性能优越，具有较强的工业环境适应性，已广泛应用于工业企业的各个领域，并且成为现代工业自动化控制的三大技术支柱之一。

本书是包头轻工职业技术学院"人才培养模式全面转型"建设项目之一。本书打破传统的教材编写模式，立足"以项目为导向、以任务为驱动"的方式和"教、学、做一体化"的教学模式进行编写，具有鲜明的职业教育特色，并以实际应用工程任务为主线，突出了"工学结合"的特点。本教材注重将知识、技能和职业素养的培养有机结合起来，体现出"任务驱动"、"工学结合"的编写原则，可有效提高学生的学习兴趣及学习效率。

本书以西门子 S7-200 PLC 为例，结合实训设备进行编写，共分为 8 个项目、37 个任务。其中项目一讲解 PLC 概述，项目二讲解 PLC 基本指令编程及应用，项目三讲解 PLC 数据处理指令编程及应用，项目四讲解运用顺序功能图编写程序并对对象进行控制，项目五讲解应用 PLC 对抢答器、喷泉和十字路口交通灯进行自动控制，项目六讲解应用 PLC 对洗衣机、装配流水线和自动成型系统进行自动控制，项目七讲解应用 PLC 对多种液体混合系统、机械手和四级传送带进行控制，项目八讲解 PLC 对三相异步电动机的基本控制。本书在内容上简明扼要，图文并茂，做到通俗易懂，层次分明。在结构上分为两个阶段，第一个阶段为基础知识阶段，第二个阶段为综合项目实战，循序渐进，强调实用性，重视可操作性，理论联系实际，以使读者尽快掌握 PLC 技能。

本书由程秀玲、张燕主编，张丽娟、李兰云、薛小倩为副主编，单水维和宋利为参编。具体编写分工如下：

项目一、项目二由程秀玲、单水维编写，项目三由张丽娟编写，项目四由张燕编写，项目五、项目六由薛小倩编写，项目七、项目八由李兰云和宋利编写。全书由程秀玲统稿。本书由石磊副教授担任主审，他对本书进行了认真的审阅并提出了许多宝贵意见，在此表示衷心的感谢！

由于编者水平有限，书中不妥之处在所难免，恳请各位读者提出宝贵意见。

编　者

目　录

前言

第一阶段　基础知识阶段 ………………… 1

项目一　PLC 概述 …………………………… 1

　任务一　PLC 的诞生及发展 ……………… 1

　　一、PLC 的诞生 …………………………… 1

　　二、PLC 的发展 …………………………… 2

　　三、PLC 的世界著名品牌 ………………… 3

　任务二　PLC 的基本概念与基本结构 …… 3

　　一、PLC 的基本概念 ……………………… 3

　　二、PLC 的基本结构 ……………………… 4

　　三、PLC 的扩展模块 ……………………… 9

　任务三　PLC 的特点与应用领域 ………… 11

　　一、PLC 的特点 ………………………… 11

　　二、PLC 的应用领域 …………………… 12

　任务四　PLC 的类型、工作模式与工

　　　　　作原理 …………………………… 13

　　一、PLC 的类型 ………………………… 13

　　二、PLC 的工作模式 …………………… 14

　　三、PLC 的工作原理 …………………… 14

　任务五　了解 PLC 的性能及选型 ……… 16

　　一、PLC 的性能指标 …………………… 17

　　二、PLC 的选型 ………………………… 17

　任务六　认识 S7-200 PLC 编程软件 …… 18

　　一、S7-200 PLC 编程语言的类型 ……… 18

　　二、STEP 7-Micro/WIN 编程软件

　　　　介绍 ………………………………… 19

　　三、STEP 7-Micro/WIN 的主要编

　　　　程功能 ……………………………… 23

　　四、STEP 7-Micro/WIN 编程软件

　　　　实践 ………………………………… 25

　习题一 …………………………………… 26

　项目考核 ………………………………… 26

项目二　PLC 基本指令编程及应用 ……… 27

　任务一　PLC 的内存结构及寻址方式 …… 27

　　一、内存结构 …………………………… 27

　　二、指令编址及寻址方式 ……………… 30

　任务二　标准触点指令和标准输出

指令的应用 ………………………… 32

　　一、标准触点指令 ……………………… 32

　　二、标准输出指令 ……………………… 34

　　三、标准触点指令 LD、LDN 和标

　　　　准输出指令"="使用的几

　　　　点说明 ……………………………… 34

　任务三　触点组（电路块）与、或

指令的应用 ………………………… 43

　　一、触点组（电路块）"与"指令

　　　　ALD …………………………………… 43

　　二、触点组（电路块）"或"指令

　　　　OLD …………………………………… 43

　　三、ALD、OLD 指令使用说明 ………… 44

　任务四　堆栈指令的应用 ………………… 47

　　一、压入堆栈指令 LPS …………………… 47

　　二、读出堆栈指令 LRD …………………… 47

　　三、弹出堆栈指令 LPP …………………… 48

　　四、装载堆栈指令 LDS …………………… 48

　　五、堆栈指令的使用说明 ……………… 48

　任务五　标准置位、复位指令及正

负跳变、取反指令的应用 ………… 53

　　一、标准置位指令 S ……………………… 53

　　二、标准复位指令 R ……………………… 53

　　三、标准置位指令 S 和复位指令

　　　　R 的使用说明 ……………………… 54

　　四、正负跳变指令 ……………………… 58

　　五、取反指令 NOT ……………………… 58

　　六、正负跳变指令 EU、ED、取

　　　　反指令 NOT 的使用说明 ………… 59

　任务六　定时器指令的应用 ……………… 62

　　一、接通延时定时器 TON ……………… 62

　　二、断开延时定时器 TOF ……………… 69

　　三、保持型接通延时定时器 TONR …… 70

　　四、定时器指令的使用说明 …………… 71

　任务七　计数器指令的应用 ……………… 71

　　一、增（加）计数器 CTU ……………… 72

　　二、减计数器 CTD ……………………… 79

三、增（加）减计数器 CTUD ……… 81
四、计数器指令的使用说明 ……… 82
任务八　立即触点指令和立即输出
　　　　指令的应用 ……………… 82
一、立即触点指令 ………………… 82
二、立即输出指令 ………………… 84
三、标准触点/标准输出指令操作
　　与立即触点/立即输出指令操
　　作比较 ………………………… 84
四、立即触点指令和立即输出指
　　令使用的几点说明 …………… 85
五、编写梯形图程序应注意的几
　　个问题 ………………………… 89
习题二 ……………………………… 90
项目考核 …………………………… 92
项目三　PLC 数据处理指令编程及
　　　　应用 …………………… 93
任务一　数据的传送指令及应用 ……… 93
一、功能指令的基本形式 ………… 94
二、数据传送指令 ………………… 94
三、任务实现 ……………………… 96
任务二　数据的比较指令及应用 ……… 97
一、比较指令 ……………………… 98
二、指令应用 ……………………… 99
任务三　数据的移位指令及应用 ……… 99
一、移位指令 ……………………… 99
二、指令应用 ……………………… 103
任务四　算术运算指令及应用 ……… 103
一、算术运算指令 ………………… 104
二、指令应用 ……………………… 107
任务五　其他数据运算指令及应用 …… 107
一、加 1、减 1 运算指令、函数
　　运算指令和逻辑运算指令 …… 107
二、指令应用 ……………………… 110
任务六　转换指令及应用 …………… 110
一、转换指令 ……………………… 111
二、指令应用 ……………………… 113
习题三 ……………………………… 113
项目考核 …………………………… 114
项目四　运用顺序功能图编写程序并
　　　　对对象进行控制 ……… 115
任务一　PLC 顺序控制设计法 ……… 115
一、PLC 顺序控制设计法概述 …… 115

二、PLC 顺序控制设计法的设计
　　基本步骤 ……………………… 116
三、顺序功能图的组成要素 ……… 116
四、顺序功能图设计的基本规则 … 117
五、顺序功能图的基本结构 ……… 117
六、顺序功能图转换实现的基本
　　规则 …………………………… 119
任务二　基于起保停电路的顺序控
　　　　制梯形图设计法 ……… 119
一、起保停电路的编程方法 ……… 119
二、输出电路的编程方法 ………… 120
三、单序列结构的起保停电路编
　　程方法 ………………………… 120
四、选择序列结构的起保停电路
　　编程方法 ……………………… 120
五、并行序列结构的起保停电路
　　编程方法 ……………………… 121
任务三　基于顺序控制指令（SCR
　　　　指令）的梯形图设计方法 … 123
一、单序列结构的顺序控制指令
　　编程 …………………………… 123
二、选择序列结构的顺序控制指
　　令编程 ………………………… 124
三、并行序列结构的顺序控制指
　　令编程 ………………………… 125
四、循环序列编程方法 …………… 126
任务四　顺序功能图实例练习 ……… 126
习题四 ……………………………… 128
项目考核 …………………………… 128
第二阶段　综合项目实战 ………… 130
项目五　应用 PLC 对抢答器、喷泉和
　　　　十字路口交通灯进行自动控
　　　　制 ……………………… 131
任务一　应用 PLC 对抢答器进行自
　　　　动控制 ………………… 131
一、控制要求与装置结构 ………… 131
二、输入/输出地址分配 ………… 132
三、软件编程 ……………………… 132
四、程序的调试和运行 …………… 132
任务二　应用 PLC 对音乐喷泉进行
　　　　自动控制 ……………… 133
一、控制要求与装置结构 ………… 133
二、输入/输出地址分配 ………… 133

三、软件编程 ……………………… 133
四、程序的调试和运行 …………… 135
任务三　应用 PLC 对十字路口交通灯
　　　　进行自动控制 …………… 136
一、控制要求与装置结构 ………… 136
二、输入/输出地址分配 …………… 136
三、软件编程 ……………………… 137
四、程序的调试和运行 …………… 137
习题五 ……………………………… 139
项目考核 …………………………… 139
项目六　应用 PLC 对洗衣机、装配流
　　　　水线和自动成型系统进行自
　　　　动控制 …………………… 140
任务一　应用 PLC 对洗衣机进行自
　　　　动控制 …………………… 140
一、控制要求与装置结构 ………… 140
二、输入/输出地址分配 …………… 141
三、软件编程 ……………………… 142
四、程序的调试和运行 …………… 143
任务二　应用 PLC 对装配流水线进
　　　　行自动控制 ……………… 143
一、控制要求与装置结构 ………… 144
二、输入/输出地址分配 …………… 144
三、软件编程 ……………………… 145
四、程序的调试和运行 …………… 147
任务三　应用 PLC 对自动成型系统
　　　　进行自动控制 …………… 147
一、装置结构与控制要求 ………… 147
二、输入/输出地址分配 …………… 147
三、软件编程实现 ………………… 148
四、程序的调试和运行 …………… 150
习题六 ……………………………… 150
项目考核 …………………………… 150
项目七　应用 PLC 对多种液体混合系
　　　　统、机械手和四级传送带进
　　　　行控制 …………………… 151
任务一　应用 PLC 对多种液体混合
　　　　系统进行控制 …………… 151
一、控制要求 ……………………… 151
二、输入/输出地址分配 …………… 152
三、软件编程 ……………………… 152
四、程序的调试和运行 …………… 155
任务二　应用 PLC 对机械手进行控制 … 155

一、控制要求 ……………………… 156
二、输入/输出地址分配 …………… 156
三、软件编程 ……………………… 156
四、程序的调试和运行 …………… 160
任务三　应用 PLC 对四级传送带系
　　　　统进行自动控制 ………… 160
一、控制要求 ……………………… 161
二、输入/输出地址分配 …………… 161
三、软件编程 ……………………… 161
四、程序的调试和运行 …………… 161
习题七 ……………………………… 165
项目考核 …………………………… 166
项目八　PLC 对三相异步电动机的基
　　　　本控制 …………………… 167
任务一　PLC 对三相异步电动机的
　　　　点动控制 ………………… 167
一、控制要求 ……………………… 167
二、主电路及控制电路接线图 …… 168
三、软件编程 ……………………… 168
四、程序的调试和运行 …………… 168
任务二　PLC 对三相异步电动机的
　　　　常动控制 ………………… 168
一、控制要求 ……………………… 168
二、PLC 输入/输出端子分配及硬
　　件接线图 ……………………… 169
三、软件编程 ……………………… 169
四、程序的调试和运行 …………… 170
任务三　PLC 对三相异步电动机的
　　　　正反转控制 ……………… 170
一、控制要求 ……………………… 170
二、主电路及控制电路接线图 …… 170
三、软件编程 ……………………… 171
四、程序的调试和运行 …………… 171
任务四　PLC 对三相异步电动机的
　　　　星-三角减压起动控制 …… 171
一、控制要求 ……………………… 171
二、主电路及控制电路接线图 …… 171
三、软件编程 ……………………… 171
四、程序的调试和运行 …………… 173
习题八 ……………………………… 173
项目考核 …………………………… 173
参考文献 …………………………… 175

第一阶段 基础知识阶段

项目一 PLC 概述

【项目目的】

1. 通过学习 PLC 的硬件组成，让学生掌握 PLC 的硬件结构、PLC 的作用、PLC 的应用领域等知识，使学生对 PLC 有个初步的认识。

2. 通过学习 PLC 的软件，让学生学会如何运用 PLC 编程软件。

【项目器材及仪器】

PLC 实训设备。

【项目注意事项】

1. 在学习过程中可以采用分组的方式进行讨论学习，并以小组为单位进行项目学习内容的总结。

2. 通过学习，使学生能够根据硬件接线图将 PLC 和被控对象以及按钮、开关进行连接。

3. 本项目学习重点应放在硬件的接线上。

【项目任务】

任务一：PLC 的诞生及发展。

任务二：PLC 的基本概念与基本结构。

任务三：PLC 的特点与应用领域。

任务四：PLC 的类型、工作模式与工作原理。

任务五：了解 PLC 的性能及选型。

任务六：认识 S7-200 PLC 编程软件。

任务一 PLC 的诞生及发展

一、PLC 的诞生

20 世纪 60 年代末，美国汽车制造工业竞争十分激烈。为了适应市场从少品种大批量生产向多品种小批量生产的转变，为了尽可能减少转变过程中控制系统的设计制造时间和成本，1968 年美国通用汽车公司（General Motors，GM）公开招标，要求用新的控制装置取代生产线上的继电-接触器控制系统。其具体要求如下：

1）程序编制、修改简单，采用工程技术语言。

2）系统组成简单，维护方便。

3）可靠性高于继电-接触器控制系统。

4）与继电-接触器控制系统相比，体积小，能耗小。

5）购买、安装成本可与继电器控制柜竞争。

6）能与中央数据收集处理系统进行数据交换，以便监视系统运行状态及运行情况。

7）采用市电输入（美国标准系列交流电压值 115V），可接受现场的按钮、行程开关信号。

8）采用市电输出（美国标准系列交流电压值 115V），具有驱动电磁阀、交流接触器、小功率电动机的能力。

9）能以最小的变动及在最短的停机时间内，从系统的最小配置扩展到系统的最大配置。

10）程序可存储，存储器容量至少能扩展到 4KB。

根据上述要求，1969 年美国数字设备公司（DEC）首先研制出了世界上第一台可编程序控制器 PDP-14，用于通用汽车公司的生产线，取得了满意的效果。由于这种新型工业控制装置可以通过编程改变控制方案，且专门用于逻辑控制，所以人们称这种新的工业控制装置为可编程序逻辑控制器（Programmable Logic Controller），简称为 PLC。

二、PLC 的发展

PLC 的出现引起了世界各国的普遍重视。日本日立公司从美国引进了 PLC 技术并加以消化，于 1971 年试制成功了日本第一台 PLC；1973 年德国西门子公司独立研制成功了欧洲第一台 PLC；我国从 1974 年开始研制 PLC，1977 年开始工业应用。

从 PLC 产生到现在，已发展到第四代产品。其基本过程如下：

第一代 PLC（1969—1972）：大多用 1 位机开发，用磁心存储器存储，只具有单一的逻辑控制功能，机种单一，没有形成系列化。

第二代 PLC（1973—1975）：采用 8 位微处理器及半导体存储器，增加了数字运算、传送、比较等功能，能实现模拟量的控制，开始具备自诊断功能，初步形成系列化。

第三代 PLC（1976—1983）：随着高性能微处理器及位片式 CPU 在 PLC 中大量使用，PLC 的处理速度大大提高，从而促使它向多功能及联网通信方向发展，增加了多种特殊功能，如浮点数运算、三角函数运算、表处理、脉宽调制输出等，此外，自诊断功能及容错技术发展迅速。

第四代 PLC（1983 年至今）：不仅全面使用 16 位、32 位高性能微处理器，高性能位片式微处理器，精简指令系统（Reduced Instruction Set Computer，RISC）等高级 CPU，而且在一台 PLC 中配置多个微处理器，进行多通道处理，同时生产了大量内含微处理器的智能模块，使第四代 PLC 产品成为具有逻辑控制功能、过程控制功能、运动控制功能、数据处理功能、联网通信功能的真正名副其实的多功能控制器。

正是由于 PLC 具有多种功能，并集三电（电控装置、电仪装置、电气传动控制装置）于一体，使得 PLC 在工业中备受欢迎，用量高居首位，成为现代工业自动化的三大支柱（PLC、机器人、CAD/CAM）之一。

由于 PLC 的发展，其功能远远超出了逻辑控制的范围，因而用"PLC"已不能描述其多功能的特点。1980 年，美国电气制造商协会（NEMA）给它起了一个新的名称，叫"Programmable Controller"，简称 PC。由于 PC 这一缩写在我国早已成为个人计算机（Personal

Computer）的代名词，为避免造成名词术语混乱，因此在我国仍沿用 PLC 表示可编程序控制器。

从 20 世纪 70 年代初开始，在不到 50 年的时间里，PLC 生产已发展成为一个巨大的产业。据不完全统计，现在世界上生产 PLC 的厂家有 200 多家，生产大约 400 多个品种的 PLC 产品。其中在美国注册的厂商超过 100 多家，生产大约 200 多个品种的 PLC；日本有 70 家左右的 PLC 厂商，生产 200 多个品种；欧洲注册的厂家有十几个，生产几十个品种的 PLC。在世界范围内，PLC 产品的产量、销量、用量高居各种工业控制装置榜首，而且市场需求量一直在按每年 15% 的比率上升。

目前，我国已可以生产中小型可编程序控制器。上海东屋电器有限公司生产的 CF 系列、杭州机床电器厂生产的 DKK 及 D 系列、大连组合机床研究所生产的 S 系列、苏州电子计算机厂生产的 YZ 系列等多种产品已具备了一定的规模并在工业产品中获得应用。此外，无锡花光公司、上海乡岛公司等中外合资企业也是我国比较著名的 PLC 生产厂家。可以预见，随着我国现代化进程的深入，PLC 在我国将有更广阔的应用天地。

展望未来，PLC 会有更大的发展：从技术上看，计算机技术的新成果会更多地应用于可编程序控制器的设计和制造上，会有运算速度更快、存储容量更大、智能更强的品种出现；从产品规模上看，会进一步向超小型及超大型方向发展；从产品的配套性上看，产品的品种会更丰富，规格会更齐全，完美的人机界面、完备的通信设备会更好地满足各种工业控制场合的需求；从市场上看，各国各自生产多品种产品的情况会随着国际竞争的加剧而打破，会出现少数几个品牌垄断国际市场的局面，出现国际通用的编程语言；从网络的发展情况来看，可编程序控制器和其他工业控制计算机组网构成大型的控制系统是可编程序控制器技术的发展方向。目前的计算机集散控制系统（Distributed Control System，DCS）中已有大量的可编程序控制器应用。伴随着计算机网络的发展，可编程序控制器作为自动化控制网络和国际通用网络的重要组成部分，将在工业及工业以外的众多领域发挥越来越大的作用。

三、PLC 的世界著名品牌

1）德国西门子公司（Siemens）。

2）美国 A-B 公司（Allen-Bradley）。

3）法国的施耐德电气公司（TE）。

4）日本欧姆龙公司（OMRON）。

5）日本三菱电机株式会社（MITSUBISHI）。

任务二 PLC 的基本概念与基本结构

一、PLC 的基本概念

PLC 是基于微处理器的通用工业控制装置。PLC 能执行各种形式和各种级别的复杂控制任务，它的应用面广、功能强大、使用方便，是当代工业自动化的主要支柱之一。PLC 对用户友好，不熟悉计算机但是熟悉继电-接触器系统的人也能很快学会用 PLC 来编程和操作。PLC 已经广泛地应用在各种机械设备和生产过程的自动控制系统中，在其他领域的应用也得

3

到了迅速的发展。

国际电工委员会（IEC）在 1985 年的 PLC 标准草案第 3 稿中，对 PLC 做了如下定义："可编程序控制器是一种数字运算操作的电子系统，专为在工业环境下应用而设计。它采用可编程序的存储器，用来在其内部存储执行逻辑运算、顺序控制、定时、计数和算术运算等操作的指令，并通过数字式、模拟式的输入和输出，控制各种类型的机械或生产过程。可编程序控制器及其有关设备，都应按易于使工业控制系统形成一个整体，易于扩充其功能的原则设计。"从上述定义可以看出，PLC 是一种用程序来改变控制功能的工业控制计算机，除了能完成各种各样的控制功能外，还有与其他计算机通信联网的功能。

本书以西门子公司的 S7-200 系列小型 PLC 为主要讲授对象。西门子公司除了生产 S7-200 系列的 PLC，还生产 S7-300、S7-400 系列的 PLC。S7-200 具有极高的可靠性、强大的通信能力及丰富的扩展模块，可以用编程软件中的梯形图、语句表和功能块图 3 种语言来编程。它的指令丰富，指令功能强，易于掌握，操作方便，集成有高速计数器、高速输出、PID 控制器和 RS-485 通信/编程接口，可以使用多种通信协议。最多可以扩展到 248 点数字量 I/O 或 35 路模拟量 I/O。

二、PLC 的基本结构

PLC 主要由 CPU 模块、输入/输出（I/O）模块、编程器和电源等组成，如图 1-1 所示。

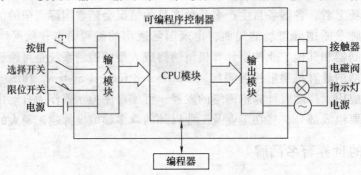

图 1-1 PLC 的基本结构示意图

1. CPU 模块

CPU 模块主要由微处理器（CPU 芯片）和存储器组成。在 PLC 的基本结构中，CPU 模块相当于人的大脑和心脏，它不断地采集输入信号，执行用户程序，刷新系统的输出；存储器用来存储程序和数据。

存储器分为系统程序存储器和用户程序存储器。系统程序相当于个人计算机的操作系统，它使 PLC 具有基本的智能，能够完成 PLC 设计者规定的各种工作。系统程序由 PLC 生产厂家设计并固化在 ROM（只读存储器）中，用户只能读取。用户程序由用户设计，它使 PLC 能完成用户要求的特定功能。

PLC 使用以下几种存储器：

（1）随机存取存储器（RAM） 用户可以用编程装置读出 RAM 中的内容，也可以将用户程序写入 RAM，因此 RAM 又叫读/写存储器。它是易失性的存储器，它的电源中断后，储存的信息将会丢失。

RAM 的工作速度高、价格便宜、改写方便。在关断 PLC 的外部电源后，可以用锂电池保存 RAM 中的用户程序。锂电池可以用 1～3 年，需要更换锂电池时，由 PLC 发出信号，通知用户。现在部分 PLC 仍用 RAM 来储存用户程序。

（2）只读存储器（ROM）　ROM 的内容只能读出，不能写入。它是非易失性的，它的电源中断后，仍能保存储存的内容。ROM 用来存放 PLC 的系统程序。

（3）可以电擦除可编程的只读存储器（EEPROM）　EEPROM 是非易失性的，但是可以用编程装置对它进行访问，兼有 ROM 的非易失性和 RAM 的随机存取优点，但是将信息写入它所需的时间比 RAM 长得多。EEPROM 用来存放用户程序。

S7-200 系列 PLC 有 5 种 CPU 模块，各 CPU 模块特有的技术指标分别见表 1-1。

表 1-1　S7-200 CPU 模块技术规范

特性	CPU221	CPU222	CPU224	CPU224XP	CPU226
外形尺寸/mm³	90×80×62	90×80×62	120.5×80×62	120.5×80×62	190×80×62
用户数据存储区 可以在运行模式下编辑/B 不能在运行模式下编辑/B	4096 4096	4096 4096	4096 4096	4096 4096	4096 4096
数据存储区/B	2048	2048	8192	10240	10240
掉电保持时间典型值/h	50	50	100	100	100
本机数字量 I/O 本机模拟量 I/O	6/4 —	8/6 —	14/10 —	14/10 2/1	24/16 —
数字量 I/O 映像区	256（128/128）				
模拟量 I/O 映像区	无	16/16		32/32	
扩展模块数量	—	2 个		7 个	
脉冲捕捉输入个数	6	8	14		24
高速计数器个数 单相高速计数器个数	4 个 4 路 30kHz			6 个 4 路 30kHz 或 2 路 200kHz	6 个 4 路 30kHz
双相高速计数器个数	2 路 20kHz		4 路 20kHz	3 路 20kHz 或 1 路 100kHz	2 路 20kHz
高速脉冲输出	2 路 20kHz		2 路 20kHz	2 路 100kHz	2 路 20kHz
模拟量调节电位器	1 个，8 位分辨率		2 个，8 位分辨率		
实时时钟	有	有	有	有	有
RS-485 通信口	1	1	1	2	2
可选卡件	存储器卡、电池卡和实时时钟卡		存储器卡和电池卡		
CPU 的 DC 24V 电源输入电流/最大负载电流	80mA /450mA	85mA /500mA	110mA /700mA	120mA /900mA	150mA /1050mA
CPU 的 AC 240V 电源输入电流/最大负载电流	15mA /60mA	20mA /70mA	30mA /100mA	35mA /100mA	40mA /160mA

CPU 221 无扩展功能，适于作小点数的微型控制器；CPU 222 有扩展功能；CPU 224 是具有较强控制功能的控制器；新型 CPU 224XP 集成有 2 路模拟量输入，1 路模拟量输出，有两个 RS-485 通信口，单相高速脉冲输出频率提高到 200kHz，双相高速计数器频率提高到 100 kHz，有 PID 自整定功能，这种新型 CPU 增强了 S7-200 在运动控制、过程控制、位置控制、数据监视与采集（远程终端应用）和通信方面的功能；CPU 226 适用于复杂的中小型控制系统，可扩展到 248 点数字量，有两个 RS-485 通信接口。

S7-200 CPU 的指令功能强，采用主程序、子程序（最多 8 级）和中断程序的程序结构。用户程序可以设口令保护。

CPU224、CPU224XP、CPU226 的数字量输入中有 4 个用于硬件中断、6 个用于高速功能。除 CPU 224XP 外，32 位高速加/减计数器的最高频率为 30kHz，可以对增量式编码器的两个互差 90°的脉冲列计数，当计数值等于设定值或计数方向改变时产生中断，在中断程序中可以及时地对输出进行操作。两个高速输出可以输出频率最高为 20kHz 且频率和宽度可调的脉冲列。

CPU 的 RS-485 串行通信口支持 PPI、DP/T、自由通信口协议和点对点 PPI 主站模式，可作为 MPI 从站。它可以用于与运行软件编程的计算机、文本显示器 TD 200 和操作员界面（OP）通信，以及与 S7-200 CPU 之间的通信；通过自由通信口协议和 Modbus 协议，可以与其他设备进行串行通信；通过 AS-i 通信接口模块，可以接入 496 个远程数字量输入/输出点。

可选的存储器卡可以永久保存程序、数据和组态信息，可选的电池卡保存数据的时间典型值为 200 天。

2. I/O 模块

输入（Input）模块和输出（Output）模块简称为 I/O 模块，它们是 PLC 的基本结构，相当于人的眼、耳、手、脚，是联系外部现场设备和 CPU 模块的桥梁。

输入模块用来接收和采集输入信号，开关量输入模块用来接收从按钮、选择开关、数字拨码开关、限位开关、接近开关、光电开关、压力继电器等来的开关量输入信号；模拟量输入模块用来接收电位器、测速发电机和各种变送器提供的连续变化的模拟量电流、电压信号。开关量输出模块用来控制接触器、电磁阀、电磁铁、指示灯、数字显示装置和报警系统等输出设备；模拟量输出模块用来控制调节阀、变频器等执行装置。

各 I/O 点的通/断状态采用发光二极管（LED）显示，外部接线一般接在模块面板的接线端子上。某些模块使用可以拆卸的插座型端子板，不用断开端子板上的外部接线就可以迅速地更换模块。

（1）输入模块　输入模块一般由数据输入寄存器、选通电路和中断请求逻辑电路组成，负责微处理器及存储器与外部设备交换信息。它接收来自现场检测部件（如限位开关、操作按钮、选择开关、行程开关）以及其他一些传感器输出的开关量或模拟量（要通过模-数转换器进入机内）等各种状态控制信号，并存入输入映像寄存器。

输入模块采用光电耦合电路将 PLC 与现场设备隔离起来，以提高 PLC 的抗干扰能力。输入模块电路通常有两类：一类为直流输入型，如图 1-2 所示；另一类是交流输入型，如图 1-3 所示。

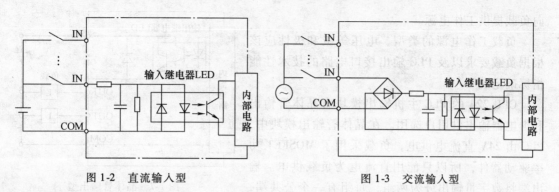

图 1-2　直流输入型　　　　　　　　　　　图 1-3　交流输入型

CPU 224 的 PLC 主机共有 14 个输入点（I0.0 ~ I0.7，I1.0 ~ I1.5）和 10 个输出点（Q0.0 ~ Q0.7，Q1.0 ~ Q1.1）。CPU 224 的 PLC 输入模块端子接线图如图 1-4 所示。系统设置 1M 为输入端子 I0.0 ~ I0.7 的公共端，2M 为 I1.0 ~ I1.5 输入端子的公共端。

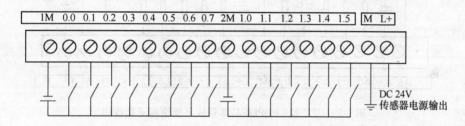

图 1-4　CPU 224 的 PLC 输入模块端子接线图

（2）输出模块　输出模块是 PLC 与现场设备之间的连接部件，用来将输出信号送给控制对象。其作用是将中央处理单元送出的弱电控制信号转换成现场需要的强电信号并输出，以驱动电磁阀、接触器、电动机等被控设备的执行元件。

为适应不同类型的输出设备负载，PLC 的输出模块类型有三种，即继电器输出型、双向晶闸管输出型和晶体管输出型，分别如图 1-5、图 1-6 和图 1-7 所示。其中继电器输出型为有触点输出方式，可用于接通或断开开关频率较低的直流负载或交流负载回路，这种方式存在继电器触点的电气寿命和机械寿命问题；双向晶闸管输出型和晶体管输出型皆为无触点输出方式，开关动作快、寿命长，可用于接通或断开开关频率较高的负载回路，其中双向晶闸管输出型只用于带交流电源负载，晶体管输出型则只用于带直流电源负载。

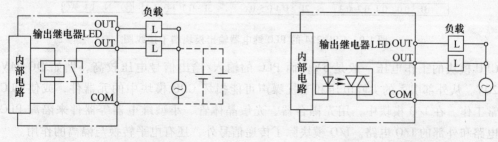

图 1-5　继电器输出型　　　　　　　　　　图 1-6　双向晶闸管输出型

从三种类型的输出电路可以看出，继电器、双向晶闸管和晶体管作为输出端的开关器件受 PLC 的输出指令控制，完成接通或断开与相应输出端相连的负载回路的任务，它们并不向负载提供工作电源。

负载工作电源的类型、电压等级和极性应该根据负载要求以及 PLC 输出接口电路的技术性能指标确定。

CPU 224 的 PLC 主机输出模块有晶体管输出和继电器输出供用户选用。在晶体管输出模块中，PLC 由 24V 直流电供电，负载采用了 MOSFET 功率驱动器件，所以只能用直流电为负载供电。输出端将数字量输出分为两组，每组有一个公共端，

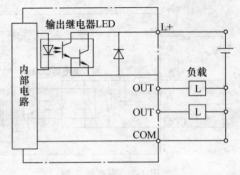

图 1-7　晶体管输出型

共有 1L 和 2L 两个公共端，可接入不同电压等级的负载电源。CPU 224 的 PLC 晶体管输出模块的接线如图 1-8 所示。

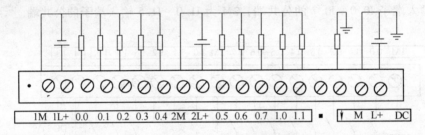

图 1-8　CPU 224 的 PLC 晶体管输出模块端子接线图

在继电器输出模块中，PLC 由 220V 交流电源供电，负载采用了继电器驱动，所以既可以选用直流电为负载供电，也可以采用交流电为负载供电。在继电器输出模块中，数字量输出分为三组，每组的公共端为本组的电源供给端，Q0.0 ~ Q0.3 共用 1L，Q0.4 ~ Q0.6 共用 2L，Q0.7 ~ Q1.1 共用 3L。各组之间可接入不同电压等级、不同电压性质的负载电源，如图 1-9 所示。

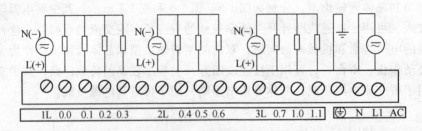

图 1-9　CPU 224 的 PLC 继电器输出模块端子接线图

CPU 模块的工作电压一般是 5V，而 PLC 的输入/输出信号电压较高，例如 DC 24V 和 AC 220V。从外部引入的尖峰电压和干扰噪声可能损坏 CPU 模块中的元器件，或使 PLC 不能正常工作。在 I/O 模块中，用光耦合器、光敏晶体管、小型继电器等器件来隔离 PLC 的内部电路和外部的 I/O 电路。I/O 模块除了传递信号外，还有电平转换与隔离的作用。

3. 编程器

利用编程器可对用户程序进行编制、编辑、调试和监视，还可以调用和显示 PLC 的一些内部状态和系统参数。它经过编程器接口与中央处理器单元联系，完成人机对话操作。

编程器主要有两种。一种是 PLC 专用编程器，有手持式和台式等，具有编辑程序所需的显示器、键盘及工作方式设置开关。编程器通过电缆与 PLC 的中央处理单元 CPU 相连。编程器具备程序编辑、编译和程序存储管理等功能。一些手持式（见图 1-10）的小型 PLC 编程器本身无法独立工作，需与 PLC 的 CPU 连接后才能使用。另一种是基于个人计算机系统的 PLC 编程器（见图 1-11）。在通用计算机系统中，配置 PLC 的编程及监控软件，通过 RS-232 串行接口与 PLC 的 CPU 相连。PLC 语言的编译软件已包含在编程软件系统中。目前许多 PLC 产品都有自己的个人计算机 PLC 编程软件系统，如用于西门子 S7-200 系列 PLC 的编程软件 STEP7-Micro/WIN 等。

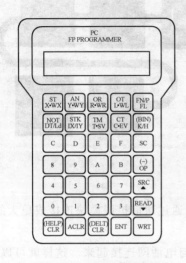

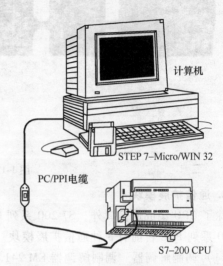

图 1-10　手持式编程器　　　　图 1-11　带有个人计算机系统的 PLC 编程器

4. 电源

S7-200 系列 PLC 分为 AC 220V 电源型和 DC 24V 电源型。内部的开关电源为各模块提供不同电压等级的直流电源。小型 PLC 可以为输入电路和外部的电子传感器（例如接近开关）提供 DC 24V 电源，驱动 PLC 负载的直流电源一般由用户提供。

三、PLC 的扩展模块

S7-200 系列 PLC 可以通过配接各种扩展模块达到扩展功能、扩大控制能力以及提高输入和输出量的目的。目前 S7-200 主要有 4 大类扩展模块。

1. 输入/输出扩展模块

S7-200 CPU 上已经集成了一定数量的数字量 I/O 点，但如用户需要多于 CPU 单元 I/O 时，必须对系统进行扩展。CPU 221 无 I/O 扩展能力，CPU 222 最多可连接 2 个扩展模块（数字量或模拟量），而 CPU 224 和 CPU 226 最多可连接 7 个扩展模块。

S7-200 系列 PLC 目前共提供 5 大类输入/输出扩展模块，即数字量输入扩展板 EM 221（8 路扩展输入）、数字量输出扩展板 EM 222（8 路扩展输出）、数字量输入和输出混合扩展板 EM 223（8 路输入/8 路输出，16 路输入/16 路输出，32 路输入/32 路输出）、模拟量输入扩展板 EM 231（每个 EM 231 可扩展 3 路模拟量输入通道，A-D 转换时间为 25μs，位数均为 12 位）、模拟量输入和输出混合扩展模板 EM 235（每个 EM 235 可同时扩展 3 路模拟量输入和 1 路模拟量输出通道，其中 A-D 转换时间为 25μs，D-A 转换时间为 100 μs，位数均为 12 位）。

基本单元通过其右侧的扩展接口用总线连接器（插件）与扩展单元左侧的扩展接口相连接，如图 1-12 所示。扩展单元正常工作需要 5V 直流工作电源，此电源由基本单元通过总线连接器提供；扩展单元的 24V 直流输入点和输出点电源可由基本单元的 24V 直流电源供电，但要注意基本单元提供最大电流的能力。

图 1-12　CPU 扩展

2. 通信扩展模块

除了 CPU 集成通信口外，S7-200 系列 PLC 还可以通过通信扩展模块连接成更大的网络。S7-200 系列 PLC 目前有 5 种通信扩展模块。

（1）调制解调器　调制解调器 EM 241 将 S7-200 与电话网连接起来。这样就可以在全球范围内连接 S7-200，而 S7-200 的数据和信息也可以传递到世界各地。

（2）PROFIBUS DP 从站模块　PROFIBUS DP 从站模块 EM 277 将 S7-200 与 DP 网络连接起来。传输速度达到 12Mbit/s。母线最多可支持 99 台设备，可以通过旋转开关自由选择它们的站地址。

（3）AS 接口模块　AS 接口模块 CP 243 使 S7-200 成为 AS 接口上的主站，最多可以连接 62 个 AS 接口从站。

（4）以太网模块　通过以太网模块 CP 243-1 可将 S7-200 连接到工业以太网上。以太网端口连接 RJ45 插口。它实现了远程编程、远程配置和远程对话以及数据传输。

（5）IT 模块　IT 模块 CP 243-1 IT 提供了与以太网模块一样的网络功能。此外，它还可以扩展互联网的功能。

3. 特殊扩展模块

（1）定位模块　定位模块 EM 253 为步进电动机提供控制服务。它对功率部件发出指令，功率部件完成步进电动机的运转。EM 253 每秒可发出 12 ~ 200 000 个脉冲。它可以支持直线加速和直线减速。

（2）温度测量模块　温度测量模块存在于测量带阻抗温度的 RTD 模块或测量温差电偶的 TC 模块中，温度以 0.1℃ 为单位显示。

任务三 PLC 的特点与应用领域

一、PLC 的特点

1. 编程方法简单

梯形图是使用最广泛的 PLC 编程语言，其电路符号和表达方式与继电-接触器控制电路原理图相似，梯形图语言形象直观，易学易懂。

梯形图语言实际上是一种面向用户的高级语言，编程软件将它编译成数字代码，然后下载到 PLC 去执行。

2. 功能强、性能价格比高

一台小型 PLC 内有成百上千个可供用户使用的编程元件，有很强的功能，可以实现非常复杂的控制功能。与功能相同的继电-接触器系统相比，具有很高的性能价格比。PLC 还可以通过通信联网，实现分散控制，集中管理。

3. 硬件配套齐全，用户使用方便，适应性强

PLC 产品已经标准化、系列化、模块化，配备有品种齐全的各种硬件装置供用户选用，用户能灵活方便地进行系统配置，组成不同功能和不同规模的系统。PLC 的安装接线也很方便，一般用接线端子连接外部接线。PLC 有较强的带负载能力，可以直接驱动小型电磁阀和小型交流接触器。硬件配置确定后，可以通过修改用户程序，方便快速地适应工艺条件的变化。

4. 可靠性高，抗干扰能力强

传统的继电-接触器控制系统使用了大量的中间继电器、时间继电器。由于触头接触不良，容易出现故障。PLC 用软件代替大量的中间继电器和时间继电器，仅剩下与输入和输出有关的少量硬件元件，硬件接线比继电-接触器控制系统少得多，因触头接触不良造成的故障大为减少。

PLC 采取了一系列硬件和软件抗干扰措施，具有很强的抗干扰能力，平均无故障时间达到数万小时以上，可以直接用于有强烈干扰的工业生产现场，PLC 已被广大用户公认为最可靠的工业控制设备之一。

5. 系统的设计、安装、调试工作量少

PLC 用软件功能取代了继电-接触器控制系统中大量的中间继电器、时间继电器、计数器等器件，使控制柜的设计、安装、接线工作量大大减少。

PLC 的梯形图程序一般用顺序控制设计法来设计。这种编程方法很有规律，很容易掌握。对于复杂的控制系统，设计梯形图的时间比设计相同功能的继电-接触器系统电路图的时间要少得多。

PLC 的用户程序可以在实验室模拟调试，输入信号用小开关来模拟，通过 PLC 上的发光二极管可以观察输出信号的状态。完成了系统的安装和接线后，在现场的统调过程中发现的问题一般通过修改程序就可以解决，系统的调试时间比继电-接触器系统少得多。

6. 维修工作量小，维修方便

PLC 的故障率很低，且有完善的自诊断和显示功能。PLC 或外部的输入装置和执行机构

11

发生故障时，可以根据 PLC 上的发光二极管或编程器提供的信息迅速地查明故障的原因，用更换模块的方法可以迅速地排除故障。

7. 体积小、能耗低

复杂的控制系统使用 PLC 后，可以减少大量的中间继电器和时间继电器，小型 PLC 的体积仅相当于几个继电器的大小，因此可将开关柜的体积缩小到原来的 $1/2 \sim 1/10$。

PLC 的配线比继电-接触器控制系统的配线少得多，故可以省下大量的配线和附件，减少安装接线工时，加上开关柜体积的缩小，可以节省大量的费用。

二、PLC 的应用领域

目前，PLC 在国内外已被广泛应用于钢铁、石油、化工、电力、建材、机械制造、汽车、轻纺、交通运输、环保及文化娱乐等各个行业，使用情况大致可归纳为如下几类。

1. 开关量的逻辑控制

这是 PLC 最基本、最广泛的应用领域，它取代传统的继电-接触器电路，实现逻辑控制、顺序控制，既可用于单台设备的控制，也可用于多机群控及自动化流水线，如注塑机、印刷机、订书机械、组合机床、磨床、包装生产线和电镀流水线等。

2. 模拟量控制

在工业生产过程当中，有许多连续变化的量，如温度、压力、流量、液位和速度等都是模拟量。为了使可编程序控制器能处理模拟量，必须实现模拟量（Analog）和数字量（Digital）之间的 A-D 转换及 D-A 转换。PLC 厂家都生产配套的 A-D 和 D-A 转换模块，使可编程序控制器用于模拟量控制。

3. 运动控制

PLC 可以用于圆周运动或直线运动的控制。从控制机构配置来说，早期直接用于开关量 I/O 模块连接位置传感器和执行机构，现在一般使用专用的运动控制模块，如可驱动步进电动机或伺服电动机的单轴或多轴位置控制模块。世界上各主要 PLC 厂家的产品几乎都有运动控制功能，广泛用于各种机械、机床、机器人和电梯等场合。

4. 过程控制

过程控制是指对温度、压力、流量等模拟量的闭环控制。作为工业控制计算机，PLC 能编制各种各样的控制算法程序，完成闭环控制。PID（比例、积分、微分）调节是一般闭环控制系统中用得较多的调节方法。大中型 PLC 都有 PID 模块，目前许多小型 PLC 也具有此功能模块。PID 处理一般是运行专用的 PID 子程序。过程控制在冶金、化工、热处理、锅炉控制等场合有非常广泛的应用。

5. 数据处理

现代 PLC 具有数学运算（含矩阵运算、函数运算、逻辑运算）、数据传送、数据转换、排序、查表、位操作等功能，可以完成数据的采集、分析及处理。这些数据可以与存储在存储器中的参考值比较，完成一定的控制操作，也可以利用通信功能将这些数据传送到其他的智能装置，或将它们打印制表。数据处理一般用于大型控制系统，如无人控制的柔性制造系统；也可用于过程控制系统，如造纸、冶金、食品工业中的一些大型控制系统。

6. 通信及联网

PLC 通信含 PLC 间的通信及 PLC 与其他智能设备间的通信。随着计算机控制的发展，工厂自动化网络发展得很快，各 PLC 厂商都十分重视通信功能，纷纷推出各自的网络系统。新近生产的 PLC 都具有通信接口，通信非常方便。

任务四 PLC 的类型、工作模式与工作原理

一、PLC 的类型

1. 根据其外形和安装结构分

（1）整体式 PLC 整体式又叫单元式或箱体式，它的体积小、价格低，小型 PLC 一般采用整体式结构。整体式 PLC 将 CPU 模块、I/O 模块和电源装在一个箱形机壳内，如图 1-13 所示。图中的前盖下面有工作模式选择开关、模拟量调节电位器和扩展 I/O 接口。S7-200 系列 PLC 提供多种具有不同 I/O 点数的 CPU 模块和数字量、模拟量 I/O 扩展模块供用户选用。CPU 模块和扩展模块用扁平的 PC/PPI 电缆相连，可以选用全输入或全输出型的数字量 I/O 扩展模块来改变输入/输出点的比例。

（2）模块式 PLC 大、中型 PLC 一般采用模块式 PLC 结构，图 1-14 所示为西门子的 S7-400 系列模块式 PLC，它由机架和模块组成。模块插在模块插座上，后者焊在机架中的总体连接板上，有不同槽数的机架供用户选用。如果一个机架容纳不下所选用的模块，可以增设一个或数个扩展机架，各机架之间用接口模块和电缆相连。用户可以选用不同档次的 CPU 模块、品种繁多的 I/O 模块和特殊功能模块，对硬件配置的选择余地较大，维修时更换模块也方便。

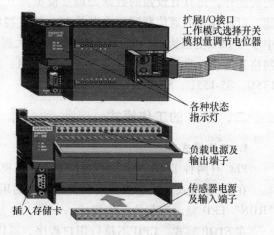

扩展I/O接口
工作模式选择开关
模拟量调节电位器

各种状态指示灯

负载电源及输出端子

传感器电源及输入端子

插入存储卡

图 1-13 整体式 PLC

（3）叠装式 PLC 以上两种结构各有特色。前者结构紧凑、安装方便、体积小巧，易于与机床、电控柜连成一体，但由于点数有搭配关系，加之各单元尺寸大小不一，因此不易安装整齐。后者点数配置灵活，又易于构成较多点数的大系统，但尺寸较大，难于与小型设备相连。为此，有些公司开发出叠装式结构的 PLC。它的结构也是由各种单元、CPU 组成独立的模块，但安装不用机架，仅用电缆进行单元间连接，且各单元可以一层层地叠装。这样，既达到了配置灵活的目的，又可以做到体积较小。

2. 根据点数、功能分

（1）小型 PLC 小型 PLC 又称为低档 PLC。这类 PLC 的规模较小，它的输入/输出点数一般为 20～128 点。其中输入/输出点数小于 64 点的 PLC 又称为超小机

电源模块

机架

CPU模块 输入/输出 单元模块

其他模块 外设通信模块

图 1-14 S7-400 系列模块式 PLC

13

型。小型 PLC 的用户存储器容量小于 2KB，具有逻辑运算、定时、计数、移位、自诊断及监控等基本功能，有些还有少量的模拟量 I/O、算术运算、数据传输、远程 I/O 和通信等功能，可用于开关量控制、定时/计数控制、顺序控制及少量模拟量控制等场合，通常用来代替继电-接触器控制，在单机或小规模生产过程中使用。常见的小型 PLC 产品有三菱公司的 F1、F2 和 FX0，欧姆龙 CPM×系列，西门子公司的 S7-200 系列和施耐德电气公司的 NEZA 系列、Twido 系列等。

（2）中型 PLC　中型 PLC 的 I/O 点数通常在 120～512 点之间，用户程序存储器的容量为 2～8KB，除具有小型机的功能外，还具有较强的模拟量 I/O、数字计算、过程参数调节（如 PID 调节）、数据传输与比较、数制转换、中断控制、远程 I/O 及通信联网功能。适用于既有开关量又有模拟量的较为复杂的控制系统，如大型注塑机控制、配料和称重等中小型连续生产过程控制。常见的机型有三菱公司的 A1S 系列和西门子公司的 S5-115U、S7-300 等。

（3）大型 PLC　大型 PLC 又称为高档 PLC，I/O 点数在 512 点以上，其中 I/O 点数大于 8192 点的又称为超大型 PLC。大型 PLC 的用户程序存储器容量在 8KB 以上，除具有中型机的功能外，还具有较强的数据处理、模拟调节、特殊功能函数运算、监视、记录、打印等功能，以及强大的通信联网、中断控制、智能控制和远程控制等功能。由于大型 PLC 具有比中小型 PLC 更强大的功能，因此一般用于大规模过程控制、分布式控制系统和工厂自动化网络等场合。常见的机型有三菱公司的 A3M、A3N，AB 公司的 PLC-5 以及西门子公司的 S5-135U、S5-155U、S7-400 等。

二、PLC 的工作模式

1. 工作模式

PLC 有两种工作模式，即 RUN（运行）模式与 STOP（停止）模式。

在 RUN 模式，通过执行反映控制要求的用户程序来实现控制功能。在 PLC 的面板上用"RUN" LED 显示当前的工作模式。

在 STOP 模式，CPU 不执行用户程序，可以用编程软件创建和编辑用户程序，设置 PLC 的硬件功能，并将用户程序和硬件信息下载到 PLC。

如果有致命错误，在消除它之前不允许从 STOP 模式进入 RUN 模式。PLC 操作系统储存非致命错误供用户检查，但是不会从 RUN 模式自动进入 STOP 模式。

2. 用模式开关改变工作模式

PLC 面板上的模式开关在 STOP 位置时，将停止用户程序的运行；在 RUN 位置时，将启动用户程序的运行。模式开关在 STOP 或 TERM（terminal，终端）位置时，电源通电后 CPU 自动进入 STOP 模式；在 RUN 位置时，电源通电后自动进入 RUN 模式。

也可以用 STEP 7-Micro/WIN 编程软件改变工作模式，或在程序中插入 STOP 指令，使 CPU 由 RUN 模式进入 STOP 模式。

三、PLC 的工作原理

PLC 通电后，首先对硬件和软件作一些初始化操作。为了使 PLC 的输出及时地响应各种输入信号，初始化后反复不停地分阶段处理各种不同的任务（见图 1-15），这种周而复始的循环工作模式称为扫描工作模式。

1. 读取输入

在 PLC 的存储器中，设置了一片区域来存放输入信号和输出信号的状态，它们分别称为输入映像寄存器和输出映像寄存器。CPU 以字节（8 位）为单位来读写输入/输出映像寄存器。

在读取输入阶段，PLC 把所有外部数字量输入电路的 I/O 状态（或称为 ON/OFF 状态）读入输入映像寄存器。外部的输入电路

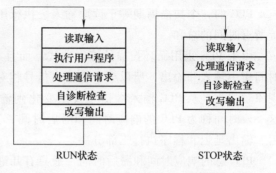

图 1-15　PLC 扫描过程

闭合时，对应的输入映像寄存器为 1 状态，梯形图中对应的输入点的常开触点闭合，常闭触点断开。外接的输入电路断开时，对应的输入映像寄存器为 0 状态，梯形图中对应的输入点的常开触点断开，常闭触点闭合。

2. 执行用户程序

PLC 的用户程序由若干条指令组成，指令在存储器中按顺序排列。在 RUN 工作模式的程序执行阶段，如果没有跳转指令，CPU 从第一条指令开始，逐条顺序地执行用户程序。

CPU 在执行指令时，从 I/O 映像寄存器或别的位元件的映像寄存器读出其 0/1 状态，并根据指令的要求执行相应的逻辑运算，运算的结果写入到线圈相应的映像寄存器中，因此，各映像寄存器（只读的输入映像寄存器除外）的内容随着程序的执行而变化。

在程序执行阶段，即使外部输入信号的状态发生了变化，输入映像寄存器的状态也不会随之改变，输入信号变化了的状态只能在下一个扫描周期的读取输入阶段被读入。执行程序时，对输入/输出的存取通常是通过映像寄存器，而不是实际的 I/O 点，这样做有以下好处：

1）程序执行阶段的输入值是固定的，程序执行完后再用输出映像寄存器的值更新输出点，使系统的运行稳定。

2）用户程序读写 I/O 映像寄存器比直接读写 I/O 点快得多，这样可以提高程序的执行速度。

3. 通信处理

在处理通信请求阶段，CPU 处理由通信接口和智能模块接收到的信息，如由编程器送来的程序、命令和各种数据，并把要显示的状态、数据、出错信息等发送给编程器进行显示。如果有与计算机等的通信请求，也在这段时间完成数据的接收和发送任务。

4. 自诊断检查

自诊断检查包括定期检查 CPU 模块的操作和扩展模块的状态是否正常，将监控定时器复位，以及完成一些别的内部工作。

5. 改写输出

CPU 执行完用户程序后，将输出映像寄存器的 0/1 状态传送到输出模块并锁存起来。若梯形图中某一输出位的线圈"通电"时，对应的输出映像寄存器为 1 状态。信号经输出模块隔离和放大后，继电器型输出模块中对应的硬件继电器的线圈通电，其常开触点闭合，使外部负载通电工作；若梯形图中输出点的线圈"断电"，对应的输出映像寄存器为 0 状态，将它送到继电器型输出模块，对应的硬件继电器的线圈断电，其常开触点断开，外部负载断

15

电，停止工作。

PLC 的一个扫描周期等于读取输入、执行用户程序、通信处理、自诊断检查、改写输出等所有时间的总和。

由于 PLC 采用循环扫描的工作方式，而且对输入和输出信号只在每个扫描周期的固定时间集中输入和输出，所以会产生输出信号相对输入信号滞后的现象。扫描周期越长，滞后现象越严重。从 PLC 输入端信号发生变化到输出端对输入变化作出反应，需要一段时间。这一段时间称为 PLC 的响应时间和滞后时间，又称为 I/O 响应的时间。响应时间由输入延迟、输出延迟和程序执行三部分决定。

PLC 总的响应时间和滞后时间一般只有几毫秒至几十毫秒，对于一般的系统是无关紧要的。要求输入/输出滞后时间尽量短的系统，可以选用扫描速度快的 PLC 或采取其他措施。

下面用一个简单的例子来进一步说明 PLC 的扫描工作过程，图 1-16a 中的启动按钮 SB1 和停止按钮 SB2 的常开触头分别接在 I0.1 和 I0.2 的输入端，接触器 KM 的线圈接在 Q0.0 的输出端。

图 1-16b 所示梯形图中的 I0.1 和 I0.2 是输入变量，Q0.0 是输出变量，它们都是梯形图中的编程元件。I0.1 与接在输入端子的 SB1 的常开触头和输入映像寄存器 I0.1 相对应，Q0.0 与接在输出端子的 PLC 内的输出电路和输出映像寄存器 Q0.0 相对应。

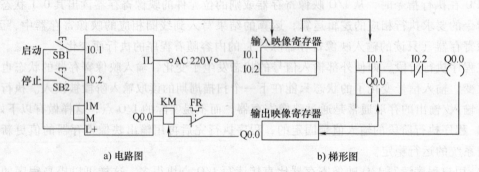

a) 电路图   b) 梯形图

图 1-16　PLC 的工作原理

S7-200 在循环扫描中完成控制任务，在一个扫描周期中，执行读取输入、执行用户程序、通信处理、CPU 自诊断检查、改写输出 5 个阶段。

1）读取输入：S7-200 将物理输入点 SB1 或 SB2 上的状态复制到输入映像寄存器 I0.1 或 I0.2 中。

2）执行用户程序：S7-200 执行程序指令并将数据存储在变量存储区中。

3）通信处理及自诊断检查：执行通信任务，检查硬件、程序存储器和扩展模块是否正常。

4）改写输出：将输出映像寄存器 Q0.0 中存储的数据复制到物理输出点。

任务五　了解 PLC 的性能及选型

PLC 种类很多，功能各不相同，如何根据控制要求选用需要的 PLC 呢？这就需要首先了解 PLC 的性能及选型。

16

一、PLC 的性能指标

1. I/O 点数

I/O 点数是指所能支持的最多可访问的 I/O 端子数,一般大于 PLC 面板上的 I/O 端子的个数。I/O 点数越多,可连接的 I/O 设备越多,控制规模越大,因而 I/O 点数是衡量 PLC 性能的重要指标之一。

2. 存储器容量

存储器容量是衡量可存储用户应用程序多少的指标,通常以字节(B)或千字节(KB)为单位。内存大,可存储的程序量大,也就可以完成更为复杂的控制。

3. 指令的种类和数量

一般来讲,指令的种类和数量愈多,功能愈强,因而指令多少是衡量 PLC 能力强弱的指标,决定了 PLC 的处理能力和控制能力。

4. 扫描速度

扫描速度是指 PLC 执行程序的快慢,它是一个重要的性能指标,决定了系统的实时性和稳定性。

5. 内部寄存器的种类和数量

内部寄存器的种类和数量是衡量 PLC 硬件功能的一个指标。它主要用于存放变量的状态、中间结果、数据等,还可提供大量的辅助寄存器(如定时器/计数器、移位寄存器、状态寄存器等),以便用户编程使用。

6. 通信能力

通信能力是指 PLC 与 PLC、PLC 与计算机之间的数据传送及交换能力,是工厂自动化的必备基础。目前生产的 PLC 不论是小型机还是中大型机,都配有一至两个甚至多个通信端口。

7. 智能模块

智能模块是指具有独立的 CPU 和系统的模块。它作为 PLC 中央处理单元的下位机,不参与 PLC 的循环处理过程,但接受 PLC 的指挥,可独立完成某些特殊的操作,如常见的位置控制模块、温度控制模块、PID 控制模块和模糊控制模块等。

8. 扩展能力

扩展能力包括 I/O 点数的扩展和 PLC 功能的扩展。

二、PLC 的选型

1. PLC 的类型选择

PLC 按结构分为整体式、模块式和叠装式三类;按应用环境分为现场安装和控制室安装两类;按 CPU 字长分为 1 位、4 位、8 位、16 位、32 位、64 位等。从应用角度出发,通常可按控制功能或输入/输出点选型。

整体式 PLC 的 I/O 点数固定,因此用户选择的余地较小,用于小型控制系统;模块式 PLC 提供多种 I/O 卡件或插件,因此用户可较合理地选择和配置控制系统的 I/O 点数,功能扩展方便灵活,一般用于大中型控制系统。

2. 输入/输出模块的选择

17

输入/输出模块的选择应考虑与应用要求的统一，可根据应用要求合理选用智能型输入/输出模块，以便提高控制水平和降低应用成本。例如，对输入模块，应考虑信号电平、信号传输距离、信号隔离、信号供电方式等；对输出模块，应考虑选用的输出模块类型，通常继电器型输出模块具有价格低、使用电压范围广、寿命短、响应时间较长等特点。

3. 电源的选择

如引进设备时同时引进 PLC，其供电电源应根据产品说明书要求设计和选用。一般情况下，PLC 的供电电源应设计选用 220V 交流电源，与国内电网电压一致。重要的应用场合，还应采用不间断电源或稳压电源供电。

如果 PLC 本身带有可使用电源，应核对提供的电流是否满足应用要求，否则应设计外接供电电源。为防止外部高压电源因误操作而引入 PLC，对输入和输出信号的隔离是必要的。

4. 存储器的选择

由于计算机集成芯片技术的发展，存储器的价格已下降。因此，为保证应用项目正常投运，如果 PLC 有 256 个 I/O 点，至少应选 8KB 存储器。需要复杂控制功能时，应选择容量更大、档次更高的存储器。

5. 经济型的考虑

选择 PLC 时，应考虑性能价格比。考虑经济性时，应同时考虑应用的可扩展性、可操作性、投入产出比等因素，进行比较和权衡，最终选出比较满意的产品。

输入/输出点数对价格有直接影响。每增加一块输入/输出卡件就需增加一定的费用。当点数增加到某一数值后，相应的存储器容量、机架、母板等也要相应增加，因此，点数增加对 CPU 选用、存储器容量、控制功能范围等选择都有影响。

任务六　认识 S7-200 PLC 编程软件

一、S7-200 PLC 编程语言的类型

S7-200 PLC 的编程语言分为梯形图（Ladder Diagram，LAD）、语句表（Statement List，STL）和功能块图（Function Block Diagram，FBD）三种形式。不论哪一种编程语言，都由某种图形符号或操作码以及操作数组成。下面就简单介绍这三种类型的编程语言。

1. 梯形图（LAD）编程语言

梯形图的基本逻辑元素是触点、线圈、功能框和地址符。触点有常开、常闭等类型，用于代表输入控制信息，当一个常开触点闭合时，能流可以从此触点流过；线圈代表输出，当线圈有能流流过时，输出便被接通；功能框代表一种复杂的操作，它可以使程序大大简化；地址符用于说明触点、线圈、功能框的操作对象。

2. 语句表（STL）编程语言

语句表由操作码和操作数组成，类似于计算机的汇编语言。它的图形显示形式即为梯形图，语句表则显示为文本格式。

3. 功能块图（FBD）编程语言

功能块图由功能框元素表示。"与（AND）"/"或（OR）"功能块图与梯形图中的触点

一样用于操作二进制信号；其他类型的功能块图与梯形图中的功能框类似。

三种编程语言可以相互转换，如图 1-17 所示。

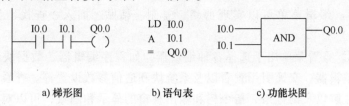

a) 梯形图　　　　　　 b) 语句表　　　　　　 c) 功能块图

图 1-17　同一功能的梯形图、语句表、功能块图编程语言

二、STEP 7-Micro/WIN 编程软件介绍

S7-200 系列 PLC 使用 STEP 7-Micro/WIN 编程软件编程。STEP 7-Micro/WIN 编程软件是基于 Windows 操作系统的应用软件，功能强大，主要用于开发程序，也可用于实时监控用户程序的执行状态。该软件 4.0 以上版本有包括中文在内的多种语言使用界面。

1. STEP 7-Micro/WIN 窗口组件

STEP 7-Micro/WIN 编程软件的主界面如图 1-18 所示。

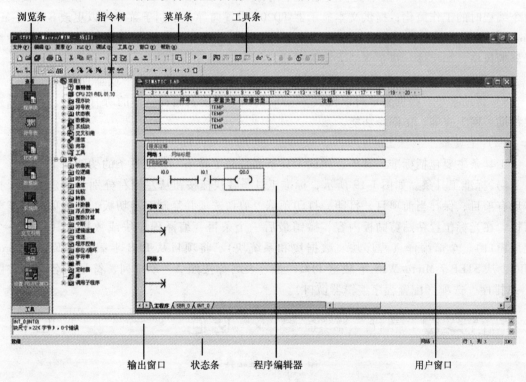

图 1-18　STEP 7-Micro/WIN 编程软件的主界面

主界面一般可以分为以下几分部分：菜单条、工具条、浏览条、指令树、用户窗口、输出窗口和状态条。除菜单条外，用户可以根据需要通过查看菜单和窗口菜单决定其他窗口的取舍和样式的设置。

（1）菜单条　菜单条包括文件、编辑、查看、PLC、调试、工具、窗口、帮助 8 个主菜单项。各主菜单项的功能如下。

19

1）文件菜单。文件菜单主要包括对文件进行新建、打开、关闭、保存、另存、导入、导出、上载、下载、页面设置、打印、预览和退出等操作。

2）编辑菜单。编辑菜单可以实现剪切、复制、粘贴、插入、查找、替换和转至等操作。

3）查看菜单。查看菜单用于选择各种编辑器，如程序编辑器、数据块编辑器、符号表编辑器、状态表编辑器、交叉引用查看以及系统块和通信参数设置等。查看菜单还可以控制程序注解、网络注解以及浏览条、指令树和输出视窗的显示和隐藏，可以对程序块的属性进行设置。

4）PLC菜单。PLC菜单用于与PLC联机时的操作，如用软件改变PLC的运行方式（运行、停止），对用户程序进行编译，清除PLC程序，电源启动重置，查看PLC的信息，时钟、存储卡的操作，程序比较，PLC类型选择等。其中对用户程序进行编译可以离线进行。

5）调试菜单。调试菜单用于联机时的动态调试。调试时可以指定PLC对程序执行有限次数扫描（1~65 535次扫描）。通过选择PLC运行的扫描次数，可以在程序改变过程变量时对其进行监控。第一次扫描时，SM0.1（初始化脉冲）数值为1。

6）工具菜单。工具菜单提供复杂指令向导（PID、HSC、NETR/NETW指令），使复杂指令编程时的工作简化；提供文本显示器TD200设置向导；定制子菜单可以更改STEP 7-Micro/WIN工具条的外观或内容以及在工具菜单中增加常用工具；选项子菜单可以设置三种编辑器的风格，如字体、指令盒的大小等样式。

7）窗口菜单。窗口菜单可以设置窗口的排放形式，如层叠、水平或垂直。

8）帮助菜单。帮助菜单可以提供S7-200的指令系统及编程软件的所有信息，并提供在线帮助、网上查询、访问等功能。

（2）工具条

工具条主要包括标准工具条、调试工具条和公共工具条。各工具条的功能如下。

1）标准工具条。如图1-19所示，标准工具条各快捷按钮从左到右分别为新建项目、打开现有项目、保存当前项目、打印、打印预览、剪切选项并复制至剪切板、将选项复制至剪切板、在光标位置粘贴剪贴板内容、撤销最后一个条目、编译程序块或数据块（任意一个现用窗口）、全部编译（程序块、数据块和系统块）、将项目从PLC上载至STEP 7-Micro/WIN、从STEP 7-Micro/WIN下载至PLC、符号表名称按照A~Z排列、符号表名称列按照Z~A排序、选项（配置程序编辑器窗口）。

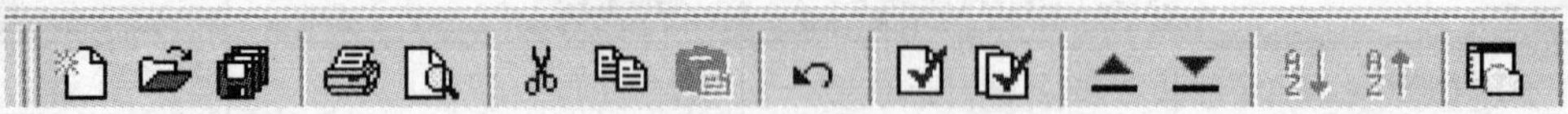

图1-19　标准工具条

2）调试工具条。如图1-20所示，调试工具条各快捷按钮从左到右分别为将PLC设为运行模式、将PLC设为停止模式、打开程序状态监控、暂停程序状态监控（只用于语句表）、图状态打开、图状态关闭、状态表单次读取、状态表全部写入、强制PLC数据、解除强制PLC数据、状态表全部解除强制、状态表全部读取强制数值、切换趋势图状态表。

3）公用工具条。如图1-21所示，公用工具条各快捷按钮从左到右分别为插入网络、删除网络、程序注解显示/隐藏、网络注解、检视/隐藏每个网络的符号信息表、切换书签、下

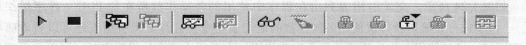

图 1-20　调试工具条

一个书签、前一个书签、清除全部书签程序注解、网络注解和符号信息表如图 1-22 所示。

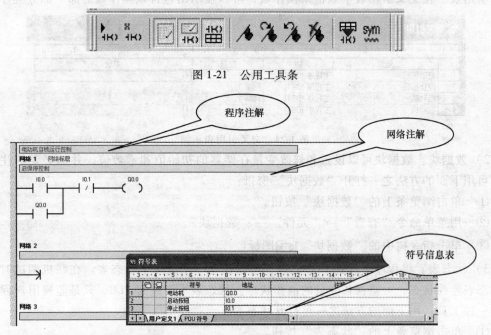

图 1-21　公用工具条

图 1-22　程序注解、网络注解和符号信息表

4）LAD 指令工具条。LAD 指令工具条如图 1-23 所示，从左到右分别为插入向下直线、插入向上直线、插入左行、插入右行、插入触点、插入线圈、插入指令盒。

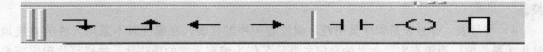

图 1-23　LAD 指令工具条

（3）浏览条　浏览条为编程提供按钮控制，可以实现窗口的快速切换，即对编程工具执行直接按钮存取，包括程序块、符号表、状态表、数据块、系统块、交叉引用和通信。单击上述任意按钮，则主窗口切换成此按钮对应的窗口。

（4）指令树　指令树以树形结构提供编程时用到的所有快捷操作命令和 PLC 指令，可分为项目分支和指令分支。项目分支用于组织程序项目；指令分支用于输入程序、打开指令文件夹并选择指令。

（5）用户窗口　可同时打开 6 个用户窗口，分别为交叉引用、数据块、状态表、符号表、程序编辑器和局部变量表。

1）交叉引用。在程序编译成功后，可用下面的方法之一打开"交叉引用"窗口：

①　用菜单命令"查看"→"交叉引用"。

②　单击浏览条中的"交叉引用"按钮。

如图 1-24 所示，交叉引用表列出在程序中使用的各操作数所在的 POU（程序组织单元）、网络或行位置以及每次使用各操作数的语句表指令。通过交叉引用表还可以查看哪些内存区域已经被使用，作为位还是作为字节使用。在运行方式下编辑程序时，可以查看程序当前正在使用的跳变信号的地址。交叉引用表不下载到 PLC，在程序编译成功后，才能打开交叉引用表。在交叉引用表中双击某操作数，可以显示出包含该操作数的那一部分程序。

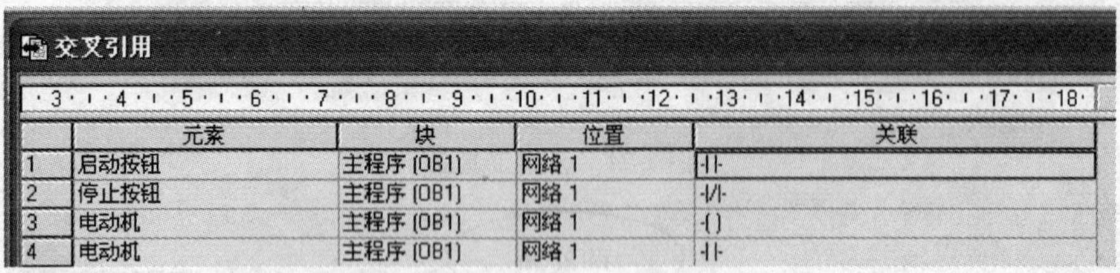

	元素	块	位置	关联
1	启动按钮	主程序 (OB1)	网络 1	-| |-
2	停止按钮	主程序 (OB1)	网络 1	-|/|-
3	电动机	主程序 (OB1)	网络 1	-( )-
4	电动机	主程序 (OB1)	网络 1	-| |-

图 1-24　交叉引用表示例

2）数据块。数据块可以设置和修改变量存储器的初始值和常数值，并加必要的注释说明。可用下面的方法之一打开"数据块"窗口：

① 单击浏览条上的"数据块"按钮。

② 用菜单命令"查看"→"元件"→"数据块"。

③ 单击指令树中的"数据块" 图标。

3）状态表。将程序下载到 PLC 之后，可以建立一个或多个状态表。在联机调试时，进入状态表监控状态，可监视各变量的值和状态。状态表不下载到 PLC，只是监视用户程序运行的一种工具。用下面的方法之一可打开状态表：

① 单击浏览条上的"状态表"按钮。

② 用菜单命令"查看"→"元件"→"状态表"。

③ 打开指令树中的"状态表"文件夹，然后双击"状态表"图标。

若在项目中有一个以上状态表，使用位于"状态表"窗口底部的标签在状态表之间切换。

4）符号表。符号表是程序员用符号编址的一种工具表。在编程时不采用元件的直接地址作为操作数，而用有实际含义的自定义符号名作为编程元件的操作数，这样可使程序更容易理解。符号表则建立了自定义符号名与直接地址编号之间的关系。程序被编译后下载到 PLC 时，所有的符号地址被转换成绝对地址，符号表中的信息不下载到 PLC。用下面的方法之一可打开符号表：

① 单击浏览条上的"符号表"按钮。

② 用菜单命令"查看"→"符号表"。

③ 打开指令树中的符号表或全局变量文件夹，然后双击一个表格图标。

5）程序编辑器。用下面的方法之一可打开"程序编辑器"窗口：

① 单击浏览条中的"程序块"按钮，打开程序编辑器窗口，单击窗口下方的主程序、子程序、中断程序标签，可自由切换程序窗口。

② 单击指令树→程序块→双击主程序图标、子程序图标或中断程序图标。

用下面的方法之一可对程序编辑器进行设置：

① 用菜单命令"工具"→"选项"→"程序编辑器"标签，设置编辑器选项。

22

② 使用选项快捷按钮→设置"程序编辑器"选项。

6）局部变量表。程序中的每个程序块都有自己的局部变量表，局部变量存储器（L）有 64 个字节。局部变量表用来定义局部变量，局部变量只在建立该局部变量的程序块中才有效。在带参数的子程序调用中，参数就是通过局部变量表传递的。

在用户窗口将水平分隔条下拉即可显示局部变量表，将水平分隔条拉至程序编辑器窗口的顶部，局部变量表不再显示，但仍旧存在。

（6）输出窗口 输出窗口用来显示 STEP 7-Micro/WIN 程序编译的结果，如编译结果有无错误、错误编码和位置等。通过菜单命令"查看"→"帧"→"输出窗口"，可打开或关闭输出窗口。

（7）状态条 状态条提供在 STEP 7-Micro/WIN 中操作的相关信息。

三、STEP 7-Micro/WIN 的主要编程功能

1. 编程元素及项目组件

STEP 7-Micro/WIN 的一个基本项目包括程序块、数据块、系统块、符号表、状态表和交叉引用表。程序块、数据块、系统块须下载到 PLC，而符号表、状态表、交叉引用表无须下载到 PLC。

1）程序块由可执行代码和注释组成。可执行代码由一个主程序和可选子程序或中断程序组成。程序代码被编译并下载到 PLC，程序注释被忽略。在"指令树"中右击"程序块"可以插入子程序和中断程序。

2）数据块由数据（包括初始内存值和常数值）和注释两部分组成。数据被编译后，下载到 PLC，注释被忽略。

3）系统块用来设置系统的参数，包括通信口配置信息、保存范围、模拟和数字输入过滤器、背景时间、密码表、脉冲截取位和输出表等选项。单击"浏览条"上的"系统块"按钮，或者单击"指令树"内的"系统块"图标，可查看并编辑系统块。系统块的信息须下载到 PLC，为 PLC 提供新的系统配置。

2. 梯形图程序的输入

（1）建立项目 通过菜单命令"文件"→"新建"或单击标准工具条中"新建"快捷按钮，可新建一个项目。此时，程序编辑器将自动打开。

（2）输入程序 在程序编辑器中使用的梯形图主要元素有触点、线圈和功能块。梯形图中的每个网络必须从触点开始，以线圈或没有 ENO 输出的功能块结束。线圈不允许串联使用。

在程序编辑器中输入程序主要有以下方法：在指令树中选择需要的指令，拖拽到需要位置；将光标放在需要的位置，在指令树中双击需要的指令；将光标放到需要的位置，单击工具条中的指令按钮，打开一个通用指令窗口，选择需要的指令；使用功能键 F4（触点）、F6（线圈）和 F9（功能块），打开一个通用指令窗口，选择需要的指令。

当编程元件图形出现在指定位置后，再单击编程元件符号的"???"，输入操作数。红色字样显示语法出错。当把不合法的地址或符号改正为合法值时，红色消失。若数值下面出现红色的波浪线，表示输入的操作数超出范围或与指令的类型不匹配。

在梯形图（LAD）编辑器中可对程序进行注释。注释级别共有程序注释、网络标题、网

络注释和程序属性 4 种。

在"属性"对话框中有"一般"和"保护"两个标签。选择"一般"可为子程序、中断程序和主程序块重新编号和重新命名，并为项目指定一个作者。选择"保护"则可以选择一个密码保护程序，以使其他用户无法看到该程序，并在下载时加密。若用密码保护程序，则选择"用密码保护该 POU"复选框，输入一个 4 个字符的密码并核实该密码。

（3）编辑程序　剪切、复制、粘贴或删除多个网络。通过用 Shift 键 + 鼠标单击，可以选择多个相邻的网络，进行剪切、复制、粘贴或删除等操作。

注：不能选择网络中的一部分，只能选择整个网络。

编辑单元格、指令、地址和网络。用光标选中需要进行编辑的单元，单击右键，弹出快捷菜单，可以进行插入或删除行、列、垂直线或水平线的操作。删除垂直线时把方框放在垂直线左边单元上，删除时选"行"或按 Del 键。进行插入编辑时，先将方框移至欲插入的位置，然后选"列"。

（4）程序的编译　程序的编译操作用于检查程序块、数据块及系统块是否存在错误。程序经过编译后，方可下载到 PLC。单击"编译"按钮或选择菜单命令"PLC"→"编译"，编译当前被激活的窗口中的程序块或数据块；单击"全部编译"按钮或选择菜单命令"PLC"→"全部编译"，编译全部项目元件（程序块、数据块和系统块）。使用"全部编译"与哪一个窗口是活动窗口无关，编译的结果显示在主窗口下方的输出窗口中。

3. 程序的下载和上载

（1）下载　当正在运行 STEP 7-Micro/WIN 的个人计算机和 PLC 之间建立了通信，就可以将编译好的程序下载至该 PLC，PLC 中已有的内容将被覆盖。单击工具条中的"下载"按钮或用菜单命令"文件"→"下载"，将打开"下载"对话框。在初次发出下载命令时，"程序代码块"、"数据块"和"CPU 配置"（系统块）复选框都默认被选中。如果不需要下载某个块，可以清除该复选框。单击"确定"按钮，开始下载程序。如果下载成功，将打开一个确认框，显示"下载成功"。下载成功后，单击工具条中的"运行"按钮，或用菜单命令"PLC"→"运行"，PLC 进入 RUN（运行）工作方式。

（2）上载　可用下面的几种方法将项目文件从 PLC 上载到 STEP 7-Micro/WIN 程序编辑器：单击"上载"按钮；选择菜单命令"文件"→"上载"；按快捷键组合 Ctrl + U。执行的步骤与下载基本相同，选择需要上载的块（程序块、数据块或系统块），单击"上载"按钮，上载的程序将从 PLC 复制到当前打开的项目中，随后即可保存上载的程序。

4. 选择工作模式

PLC 有 RUN（运行）和 STOP（停止）两种工作模式。单击工具栏中的"运行"按钮或"停止"按钮可以进入相应的工作模式。

5. 程序的调试与监控

在 STEP 7-Micro/WIN 编程设备和 PLC 之间建立通信并向 PLC 下载程序后，可使 PLC 进入运行状态，进行程序的调试和监控。

（1）程序状态监控　在程序编辑器窗口显示希望测试的部分程序和网络，将 PLC 置于 RUN 工作模式，单击工具栏中"程序状态"按钮或用菜单命令"调试"→"程序状态"，进入梯形图程序监控状态。触点或线圈通电时，该触点或线圈高亮显示。运行中梯形图程序内的各元件状态将随程序执行过程连续更新变换。

（2）状态表监控 单击浏览条上的"状态表"按钮或使用菜单命令"查看"→"元件"→"状态表"，可打开状态表编辑器，在状态表地址栏输入要监控的数字量地址或数据量地址，单击工具条中"状态表"按钮，可进入"状态表"监控状态。在此状态，可通过工具条强制 PLC 数据的操作，观察程序的运行情况；也可通过工具条对内部位及内部存储器进行"写"操作改变其状态，进而观察程序的运行情况。

四、STEP 7-Micro/WIN 编程软件实践

1）认识 PLC。记录所使用 PLC 的型号、输入/输出点数，观察主机面板的结构以及 PLC 和 PC 之间的连接。

2）开机。打开 PC 和 PLC，并新建一个项目。

3）程序输入。在梯形图编辑器中输入、编辑图 1-25 所示梯形图，并转换成语句表指令。给梯形图加网络标题、网络注释。

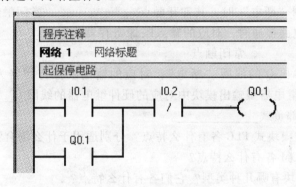

图 1-25 练习梯形图

4）建立符号表，如图 1-26 所示。并选择操作数显示形式为：符号和地址同时显示。

			符号	地址
1			起动按钮	I0.1
2			停止按钮	I0.2
3			继电器	Q0.1

◀ ▶ \ 用户定义1 \ POU 符号 /

图 1-26 建立符号表

5）编译程序并观察编译结果，若提示错误，则修改、直到编译成功。

6）下载程序到 PLC。

7）建立状态表，如图 1-27 所示。

	地址	格式
1	起动按钮	位
2	停止按钮	位
3	继电器	位

图 1-27 建立状态表

8）运行程序。

9）进入状态表监控状态。

输入强制操作。因为不带负载进行运行模式，所以采用强制功能模拟物理条件。对 I0.0 进行强制 ON，在对应 I0.1 的新数值输入 1；对 I0.2 进行强制 OFF，在对应 I0.2 的新数值列输入 0。然后单击工具条中的"强制"按钮。

监视运行结果。在状态表中观察数据的变化情况。

10）梯形图程序状态监控。通过工具条进入程序状态监控环境。根据触点线圈的高亮显示情况，了解触点线圈的工作状态。

习 题 一

1. 填空题

1）PLC 主要由＿＿＿＿＿、＿＿＿＿＿、＿＿＿＿＿和＿＿＿＿＿组成。

2）继电器的线圈"断电"时，其常开触点＿＿＿＿＿，常闭触点＿＿＿＿＿。

3）外部的输入电路接通时，对应的输入映像寄存器为＿＿＿＿＿状态，梯形图中对应的常开触点＿＿＿＿＿，常闭触点＿＿＿＿＿。

4）若梯形图中输出 Q 的线圈"断电"，对应的输出映像寄存器为＿＿＿＿＿状态，在修改输出阶段后，继电器型输出模块中对应的硬件继电器的线圈＿＿＿＿＿，其常开触点＿＿＿＿＿，外部负载＿＿＿＿＿。

2. 整体式 PLC 与模块式 PLC 各有什么特点？分别适用于什么场合？

3. RAM 和 EEPROM 各有什么特点？

4. 数字量输出模块有哪几种类型？它们各有什么特点？

5. PLC 的工作原理是什么？

【项目考核】

姓名		班级		填表日期	
讲授内容		接受情况			成绩
掌握 PLC 的硬件组成（基本结构）					
了解输入模块、输出模块					
掌握 CPU 模块中的两大类存储器					
掌握 PLC 的类型及分类方式					
了解 PLC 的世界著名品牌					
了解 PLC 的编程软件					
学生对所学内容的自我评价					
老师对学生听课情况的成绩总评					
对本项目教学的建议及意见					

项目二　PLC基本指令编程及应用

【项目目的】

能够熟练运用基本指令编写程序，并对如何运用基本指令编写程序有自己的思路和方法。

【项目器材及仪器】

PLC实训设备。

【项目注意事项】

1. 在学习过程中可以采用分组的方式进行讨论学习并以小组为单位进行项目学习内容的总结。

2. 根据实例讲解如何运用基本指令编写程序。

3. 项目学习重点应放在实际应用上，即运用基本指令编写程序对对象进行控制。

【项目任务】

任务一：PLC的内存结构及寻址方式。

任务二：标准触点指令和标准输出指令的应用。

任务三：触点组（电路块）与、或指令的应用。

任务四：堆栈指令的应用。

任务五：标准置位、复位指令及正负跳变、取反指令的应用。

任务六：定时器指令的应用。

任务七：计数器指令的应用。

任务八：立即触点指令和立即输出指令的应用。

任务一　PLC的内存结构及寻址方式

PLC的内存分为程序存储区和数据存储区两大部分。程序存储区用于存放用户程序，它由机器自动按顺序存储程序，用户不必为哪条程序存放在哪个存储器地址而费心。数据存储区用于存放输入/输出状态及各种各样的中间运行结果，是用户实现各种控制任务所必需了如指掌的内部资源，故S7-200 PLC的数据存储区及寻址方式是必须要掌握的重点。

一、内存结构

S7-200 CPU将信息存储在不同的存储器单元中，每个单元都有地址。它们分别是输入映像寄存器I、输出映像寄存器Q、变量存储器V、内部位存储器M、特殊存储器SM、顺序控制状态寄存器S、局部变量存储器L、定时器T、计数器C、模拟量输入寄存器AI、模拟量输出寄存器AQ、累加器AC和高速计数器HC。

1. 输入映像寄存器I（输入继电器）

输入映像寄存器I存放CPU在输入扫描阶段采样输入接线端子的结果。工程技术人员把输入映像寄存器 I 称为输入继电器，它由输入接线端子接入的控制信号驱动。当控制信号接通时，输入继电器得电，即对应的输入映像寄存器的位为"1"状态；当控制信号断开时，输入继电器失电，对应的输入映像寄存器的位为"0"状态。输入接线端子可以接常开触点或常闭触点，也可以是多个触点的串并联。

2. 输出映像寄存器 Q（输出继电器）

输出映像寄存器 Q 存放 CPU 执行程序的结果，并在输出扫描阶段，将其复制到输出接线端子上。在工程实践中，常把输出映像寄存器 Q 称为输出继电器。它通过 PLC 的输出接线端子控制执行电器完成规定的任务。

西门子 S7-200 PLC 输出继电器地址的编号范围为 Q0.0 ~ Q15.7。

3. 变量存储器 V

变量存储器 V 用于存放用户程序执行过程中控制逻辑操作的中间结果，也可以用来保存与工序或任务有关的其他数据。

变量存储区的编号范围根据 CPU 型号不同而不同，CPU 221/222 为 V0 ~ V2047 共 2KB 存储容量，CPU 224/226 为 V0 ~ V5119 共 5KB 存储容量。

4. 内部位存储器 M（中间继电器）

内部位存储器 M 作为控制继电器，用于存储中间操作状态或其他控制信息，作用相当于继电-接触器控制系统中的中间继电器。

CPU22 × 的内部位存储器的编号范围为 M0 ~ M31，共 32 个字节。

5. 特殊存储器 SM

特殊存储器 SM 用于 CPU 与用户之间交换信息，其特殊存储器位提供大量的状态和控制功能。CPU 224 的特殊存储器 SM 编址范围为 SMB0 ~ SMB179，共 180 个字节，其中 SMB0 ~ SMB29 的 30 个字节为只读型区域。其地址编号范围随 CPU 的不同而不同。

1）特殊存储器 SM 的只读字节 SMB0 为状态位，在每个扫描周期结束时，由 CPU 更新这些位。各位的定义如下：

SM0.0—运行监视。SM0.0 始终为"1"状态，当 PLC 运行时可以利用其触点驱动输出继电器。

SM0.1—初始化脉冲，仅在执行用户程序的第一个扫描周期为"1"状态，可以用于初始化程序。

SM0.2—当 RAM 中数据丢失时，导通一个扫描周期，用于出错处理。

SM0.3—当 PLC 上电进入 RUN 模式时，导通一个扫描周期，可用在启动操作之前给设备提供一个预热时间。

SM0.4—该位是周期为 1min、占空比为 50% 的时钟脉冲。

SM0.5—该位是周期为 1s、占空比为 50% 的时钟脉冲。

SM0.6—该位是一个扫描时钟脉冲。本次扫描时置 1，下次扫描时置 0。可用作扫描计数器的输入。

SM0.7—该位指示 CPU 工作模式开关的位置。在 TERM 位置时为 0，可同编程设备通信。在 RUN 位置时为 1，可使自由端口通信方式有效。

2）特殊存储器 SM 的只读字节 SMB1 提供了不同指令的错误提示，部分位的定义如下：

SM1.0—零标示位，运算结果等于 0 时，该位置 1。

SM1.1—溢出标识，运算溢出或查出非法数值时，该位置 1。

SM1.2—负数标识，数学运算结果为负时，该位置 1。

特殊存储器 SM 的字节 SMB28 和 SMB29 用于存储模拟量电位器 0 和模拟量电位器的调节结果。

特殊存储器 SM 的全部功能可查阅相关手册。

6. 局部变量存储器 L

局部变量存储器 L 用来存放局部变量，它和变量存储器 V 很相似，主要区别在于变量存储器中的变量是全部有效，即同一个变量可以被任何程序访问，而局部变量存储器中的变量只在局部有效，即变量只和特定的程序相关联。

S7-200 有 64 个字节的局部变量存储器，其中 60 个字节可以作为暂时存储器，或给子程序传递参数，后 4 个字节作为系统的保留字节。

7. 高速计数器 HC

高速计数器 HC 用来累计比 CPU 的扫描速度更快的事件，计数过程与扫描周期无关。高速计数器的地址编号范围根据 CPU 的型号有所不同：CPU 221/222 有 4 个高速计数器，编号为 HC0 ~ HC3；CPU 224/226 有 6 个高速计数器，编号为 HC0 ~ HC5。

8. 累加器 AC

累加器 AC 是用来暂存数据的寄存器，可以存放运算数据、中间数据和结果。S7-200 提供了 4 个 32 位的累加器，地址编号为 AC0 ~ AC3。

9. 定时器 T

定时器 T 相当于继电-接触器控制系统中的时间继电器，用于延时控制。S7-200 有三种定时器，它们的分辨率分别为 1ms、10ms 和 100ms。

S7-200 的 CPU22×系列 PLC 定时器的地址编号范围为 T0 ~ T255，它们的分辨率和定时范围各不相同，用户应根据所用 CPU 型号及分辨率，正确选用定时器的编号。

10. 计数器 C

计数器 C 用来累计输入端接收到的脉冲个数。S7-200 有三种计数器，即加计数器、减计数器、加减计数器。

S7-200 的 CPU22×系列 PLC 计数器的地址编号范围为 C0 ~ C255。

11. 模拟量输入寄存器 AI

模拟量输入寄存器 AI 用于接收模拟量输入模块转换后的 16 位数字量。其地址编号以偶数表示，如 AIW0、AIW2 等。模拟量输入寄存器 AI 为只读存储器。

12. 模拟量输出寄存器 AQ

模拟量输出寄存器 AQ 用于暂存模拟量输出模块的输入值，该值经过模拟量输出模块（D-A）转换为现场所需要的标准电压或电流信号。其地址编号以偶数表示，如 AQW0、AQW2 等。模拟量输出值是只写数据，用户不能读取模拟量输出值。

13. 顺序控制状态寄存器 S

顺序控制状态寄存器 S 又称状态元件，与顺序控制继电器指令配合使用，用于组织设备的顺序操作，S7-200 顺序控制状态寄存器的地址编号范围为 S0.0 ~ S31.7。

二、指令编址及寻址方式

1. 编址方式

计算机中使用的数据均为二进制数，二进制数的基本单位是一个二进制位，8 个二进制位组成一个字节，16 个二进制位组成一个字，32 个二进制位组成一个双字。

存储器的单位可以是位（bit）、字节（Byte，简写为 B）、字（Word，简写为 W）和双字（Double Word，简写为 D），所以需要对位、字节、字和双字进行编址。存储单元的地址由区域标示符、字节地址和位地址组成。

1）位编址：寄存器标示符 + 字节地址 . 位地址，如 I0.0、M0.1 和 Q0.2 等。

2）字节编址：寄存器标示符 + 字节长度 B + 字节地址，如 IB1、VB20 和 QB2 等。

3）字编址：寄存器标示符 + 字长度 W + 起始字节地址，如 VW20 表示 VB20 和 VB21 这两个字节组成的字。

4）双字编址：寄存器标示符 + 双字长度 D + 起始字节地址，如 VD20 表示 VB20 ~ VB23 这四个字节组成的双字。

位、字节、字和双字编址（以变量存储器为例）见表 2-1。

表 2-1 位、字节、字和双字的编址

按位编址 V1.2	MSB 7　　　　0	LSB		V1.2 ├─位地址 ├─字节地址 └─区域地址
按字节编址 VB100	MSB 7 VB100	LSB 0		VB100 ├─字节地址 ├─按字节编址 └─区域标志
按字编址 VW100	MSB 15 VB100	LSB 0 VB101		VW100 ├─起始字节地址 ├─按字编址 └─区域标志
按双字编址 VD100	MSB 31 VB100　　VB101		LSB 0 VB102　　VB103	VW100 ├─起始字节地址 ├─按双字编址 └─区域标志

注：MSB 为最高有效位；LSB 为最低有效位。

2. 寻址方式

在编写 PLC 程序时，会用到寄存器的某一位、某一个字节、某一个字或某一个双字。怎样让指令正确地找到所需要的位、字节、字或双字的数据信息？这就需要正确了解位、字节、字和双字寻址的方法，以便在编写程序时使用正确的指令规则。

S7-200 PLC 指令系统的数据寻址方式有立即数寻址、直接寻址和间接寻址三大类。

（1）立即数寻址　对立即数直接进行读写操作的寻址称为立即数寻址。立即数寻址的数据在指令中以常数形式出现。常数的大小由数据的长度（二进制数的位数）决定。其表示的整数范围见表 2-2。

表 2-2　立即数的整数范围

数据大小	无符号整数范围		有符号整数范围	
	十进制	十六进制	十进制	十六进制
字节 B（8 位）	0 ~ 255	0 ~ FF	− 128 ~ 127	80 ~ 7F
字 W（16 位）	0 ~ 65 535	0 ~ FFFF	− 32 768 ~ 32 767	8 000 ~ 7FFF
双字 D（32 位）	0 ~ 4 294 967 295	0 ~ FFFFFFFF	− 2 147 483 648 ~ 2 147 483 647	80 000 000 ~ 7FFFFFFF

在 S7-200 PLC 中，常数值可为字节、字或双字。存储器以二进制方式存储所有常数。指令可用二进制、十进制、十六进制或 ASCII 码形式表示常数，具体的格式如下：

1）二进制格式，用二进制数前加 2# 表示，如 2#1001；

2）十进制格式，直接用十进制数表示，如 20047；

3）十六进制格式，用十六进制数前加 16# 表示，如 16#4E4F；

4）ASCII 码格式，用单引号 ASCII 码文本表示，如 "good bye"。

（2）直接寻址方式　直接寻址方式是指在指令中直接使用存储器或寄存器的地址编号，直接到指定的区域读取或写入数据，如 I0.0、MB20、VW100 等。

（3）间接寻址　间接寻址时操作数不提供直接数据位置，而是通过使用地址指针存取存储器中的数据。在 S7-200 PLC 中允许使用指针对 I、Q、M、V、S、T（仅当前值）、C（仅当前值）寄存器进行间接寻址。

使用间接寻址之前，要先创建一个指向该位置的指针。指针为双字值，用来存放一个存储器的地址，只能用 V、L 或 AC 做指针。建立指针时，必须用双字传送指令（MOVD）将需要间接寻址的存储器地址送到指针中，例如 "MOVD &VB202，AC1"，其中 &VB202 表示 VB202 的地址，而不是 VB202 的值。指令的含义是将 VB202 的地址送入累加器 AC1 中。

指针建好之后，利用指针存取数据。用指针存取数据时，操作数前加 "＊" 号，表示该操作数为一个指针。例如，"MOVW ＊AC1，AC0" 表示将 AC1 中的内容作为起始地址的一个字长的数据（即 VB202、VB203 的内容）送到累加器 AC0 中，其数据传送示意图如图 2-1 所示。

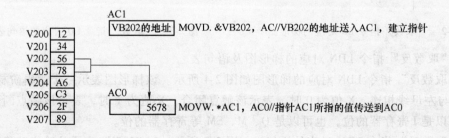

图 2-1　使用指针的间接寻址数据传送示意图

S7-200 PLC 的存储器寻址范围见表 2-3。

31

表 2-3　S7-200 PLC 的存储器寻址范围

寻址方式	CPU 221	CPU 222	CPU 224	CPU 224XP	CPU 226
位存取 （字节、位）	I0.0 ~ I15.7；Q0.0 ~ Q15.7；M0.0 ~ M31.7；T0 ~ T255；C0 ~ C255；L0.0 ~ L63.7				
	V0.0 ~ V2047.7		V0.0 ~ V8191.7	V0.0 ~ V2047.7	
	SM0.0 ~ SM165.7	SM0.0 ~ SM2999.7	SM0.0 ~ SM549.7		
字节存取	IB0 ~ IB15；QB0 ~ QB15；MB0 ~ MB31；SB0 ~ SB31；LB0 ~ LB63；AC0 ~ AC3 常数				
	VB0 ~ VB2047		VB0 ~ VB8191	VB0 ~ VB10239	
	SMB0 ~ SMB165	SMB0 ~ SMB299	SMB0 ~ SMB549		
字存取	IW0 ~ IW14；QW0 ~ QW14；MW0 ~ MW30；SW0 ~ SW30；T0 ~ T255； C0 ~ C255；LW0 ~ LW62；AC0 ~ AC3 常数				
	VW0 ~ VW2046		VW0 ~ VW8190	VW0 ~ VW10238	
	SMW0 ~ SMW164	SMW0 ~ SMW298	SMW0 ~ SMW548		
	AIW0 ~ AIW30；AQW0 ~ AQW30		AIW0 ~ AIW62；AQW0 ~ AQW62		
双字存取	ID0 ~ ID12；QD0 ~ QD12；MD0 ~ MD28；SD0 ~ SD28；LD0 ~ LD60；AC0 ~ AC3 常数				
	VD0 ~ VD2044		VD0 ~ VD8188	VD0 ~ VD10236	
	SMD0 ~ SMD162	SMD0 ~ SMD296	SMD0 ~ SMD546		

任务二　标准触点指令和标准输出指令的应用

一、标准触点指令

1. "取数" 指令 LD 和 "取数反" 指令 LDN

（1）"取数" 指令 LD 对应的梯形图及语句表

1）"取数" 指令 LD 对应的梯形图如图 2-2 所示。该梯形图表示一个逻辑阶梯开始，常开触点与左母线相连。X 值为 1 时，表示该触点闭合；X 值为 0 时，表示该触点断开。其中 X 既可以是 I 寄存器的位，也可以是 Q、M、SM 等寄存器的位。

2）"取数" 指令 LD 对应的语句表如图 2-3 所示。"LD X" 表示从输入映像寄存器中取出操作数 X 的值后，将其压入堆栈（局部变量存储器 L）栈顶，其他各值依次下移一级。

图 2-2　"取数" 指令 LD 对应的梯形图　　　　图 2-3　"取数" 指令 LD 对应的语句表

（2）"取数反" 指令 LDN 对应的梯形图及语句表

1）"取数反" 指令 LDN 对应的梯形图如图 2-4 所示。该梯形图表示一个逻辑阶梯开始，常闭触点与左母线相连。X 值为 0 时，表示该触点闭合；X 值为 1 时，表示该触点断开。其中 X 既可以是 I 寄存器的位，也可以是 Q、M、SM 等寄存器的位。

2）"取数反" 指令 LDN 对应的语句表如图 2-5 所示。"LDN X" 表示从输入映像寄存器中取出操作数 X 的值并取反（0 变为 1，1 变为 0）后，将其压入堆栈栈顶，其他各值依次下移一级。

X	LDN　　　X

图 2-4　"取数反"指令 LDN 对应的梯形图　　　图 2-5　"取数反"指令 LDN 对应的语句表

【例 2-1】　LD、LDN 指令应用示例。其语句表、梯形图及执行过程如图 2-6 所示。

LD　I2.3　　　　　LDN　I2.3

a)语句表

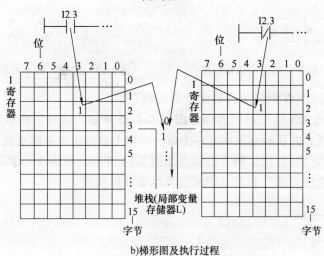

b)梯形图及执行过程

图 2-6　LD、LDN 指令的应用示例及执行过程

2. "与"指令 A 和"与反"指令 AN

（1）"与"指令 A 对应的梯形图及语句表

1）"与"指令 A 应用示例的梯形图如图 2-7 所示。该梯形图表示一个常开触点与它前面的触点相串联。所有串联触点都闭合串联支路才导通。

2）"与"指令 A 应用示例的语句表如图 2-8 所示。"A X"表示取操作数 X 的值与栈顶值进行"与"运算，再将运算结果放回栈顶。

X1　X	LD　　X1 A　　X

图 2-7　"与"指令 A 应用示例梯形图　　　图 2-8　"与"指令应用示例语句表

（2）"与反"指令 AN 对应的梯形图及语句表

1）"与反"指令 AN 应用示例的梯形图如图 2-9 所示。该梯形图表示一个常闭触点与它前面的触点相串联。所有串联触点都闭合串联支路才导通。

2）"与反"指令 AN 应用示例的语句表如图 2-10 所示。"AN X"表示取操作数 X 的值并取反后与栈顶值进行"与"运算，再将运算结果放回栈顶。

X1　X	LD　　X1 AN　　X

图 2-9　"与反"指令 AN 应用示例梯形图　　　图 2-10　"与反"指令 AN 应用示例语句表

3. "或"指令 O 和"或反"指令 ON

（1）"或" O 指令对应的梯形图及语句表

1）"或"指令 O 应用示例的梯形图如图 2-11 所示。该梯形图表示一个常开触点与它上面的触点相并联。并联触点只要有一个或一个以上触点闭合并联支路就导通。

2）"或"指令 O 应用示例的语句表如图 2-12 所示。"O X"表示取操作数 X 的值与栈顶值进行"或"运算，再将运算结果放回栈顶。

```
LD    X1
O     X
```

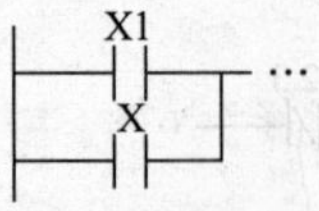

图 2-11 "或"指令 O 应用示例梯形图   图 2-12 "或"指令 O 应用示例语句表

（2）"或反"指令 ON 对应的梯形图及语句表

1）"或反"指令 ON 应用示例的梯形图如图 2-13 所示。该梯形图表示一个常闭触点与它上面的触点相并联。并联触点只要有一个或一个以上触点闭合并联支路就导通。

2）"或反"指令 ON 应用示例的语句表如图 2-14 所示。"ON X"表示取操作数 X 的值并取反后与栈顶值进行"或"运算，再将运算结果放回栈顶。

```
LD    X1
ON    X
```

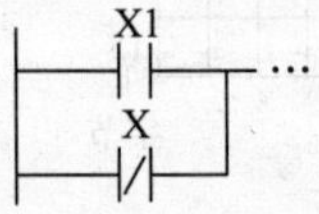

图 2-13 "或反"指令 ON 应用示例梯形图   图 2-14 "或反"指令 ON 应用示例语句表

二、标准输出指令

1. 输出指令"="对应的梯形图（见图 2-15）

表示一个继电器输出线圈 X，当"能流"到达线圈时，线圈值为 1，有输出即"有电"。

2. 输出指令"="对应的语句表（见图 2-16）

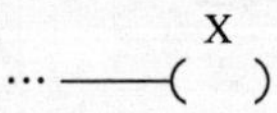

图 2-15 输出指令"="对应的梯形图   图 2-16 输出指令"="对应的语句表

表示将堆栈栈顶值写到由操作数 X 所指定的存储单元中。其中 X 的范围是除了输入继电器（I）之外的所有数据区。

【例 2-2】 输出指令"="应用示例及执行过程如图 2-17 所示。

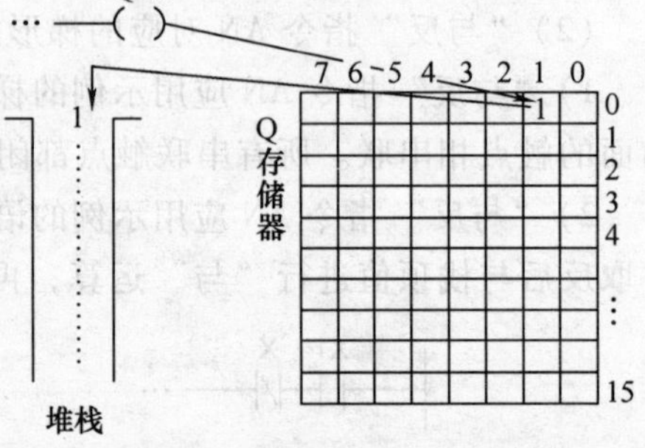

三、标准触点指令 LD、LDN 和标准输出指令"="使用的几点说明

1）LD、LDN 指令用于与左侧母线相连的触点，也用于分支电路的开始。

2）"="指令不能用于输入映像寄存器 I。

图 2-17 输出指令"="应用示例及执行过程

34

输出端不带负载时，控制线圈应使用 M 或其他，而不能用 Q。

3）" = "指令可以并联使用任意次，但不能串联使用，并且编程时同一程序中同一个线圈只能出现一次。

4）A、AN 指令是单个触点串联连接指令，可连续使用任意次。

5）O、ON 指令是单个触点并联连接指令，可连续使用任意次。

6）LD、LDN、A、AN、O、ON 有操作数。

7）LD、LDN、A、AN、O、ON 的操作数包括 I、Q、M、SM、T、C、V、S、L。

【例 2-3】 将下列梯形图转换为语句表。

1）梯形图如图 2-18 所示。

对应的语句表为：

```
LD      I0.0
O       Q0.0
A       I0.1
=       Q0.0
=       Q0.1
```

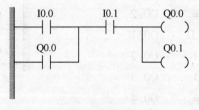

图 2-18　梯形图

2）梯形图如图 2-19 所示。

对应的语句表为：

```
LD      I0.0
O       Q0.0
O       Q0.1
A       I0.1
AN      I0.2
AN      I0.3
=       Q0.0
=       Q0.1
```

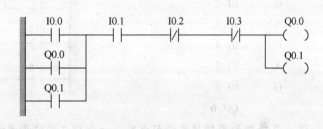

图 2-19　梯形图

3）梯形图如图 2-20 所示。

对应的语句表为：

```
LD      I0.0
A       I0.1
O       M0.0
AN      I0.2
O       I0.3
AN      I0.4
=       M0.0
LD      M0.0
O       I1.0
O       I1.1
AN      I0.4
=       Q0.0
```

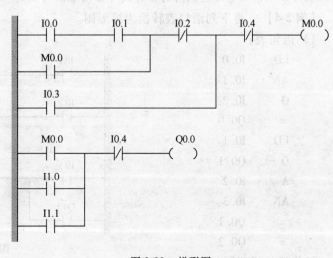

图 2-20　梯形图

35

4）梯形图如图 2-21 所示。

对应的语句表为：

```
LD   I0. 3
A    I0. 4
A    I0. 5
O    I0. 7
O    I1. 0
=    Q0. 0
=    Q0. 1
=    Q0. 2
LD   Q0. 1
O    Q0. 2
O    Q0. 3
=    Q0. 4
```

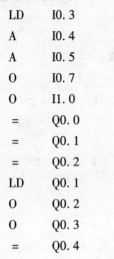
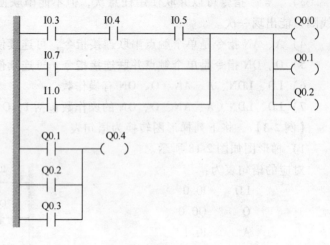

图 2-21 梯形图

5）梯形图如图 2-22 所示。

对应的语句表为：

```
LD   I0. 1
O    I0. 2
AN   I0. 3
O    I0. 4
A    I0. 5
O    I0. 6
=    Q0. 6
```

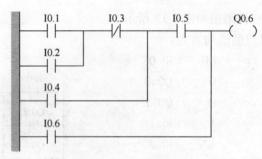

图 2-22 梯形图

注： 在将梯形图转换为语句表时，一个独立的线圈或者有公共点的多个线圈对应于一个阶梯，一个阶梯在 STEP 7-Micro Win 编程软件中对应于一个网络。一个独立的梯形图阶梯转换为语句表时第一条指令是左上角的常开或者常闭触点对应的"取数"或者"取数反"指令。

【例 2-4】 将下列语句表转换为梯形图。

1）语句表：

```
LD   I0. 0
AN   I0. 1
O    I0. 2
=    Q0. 0
LD   I0. 1
O    Q0. 1
A    I0. 2
AN   I0. 3
=    Q0. 1
=    Q0. 2
```

图 2-23 梯形图

转换后的梯形图如图 2-23 所示。

2）语句表：

LD	I0.0
A	I0.1
O	I0.2
AN	I0.5
=	Q0.0
LDN	I1.0
O	I1.1
A	I1.2
ON	I1.3
=	Q0.1

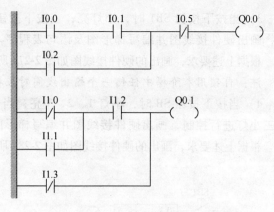

图 2-24　梯形图

转换后的梯形图如图 2-24 所示。

注：*在将语句表转换为梯形图时，要遵循由内到外逐渐扩大的原则。*

【例 2-5】　标准触点指令和标准输出指令的应用。

1）当合上开关 S 时，小灯亮；当断开开关 S 时，小灯灭。试用 PLC 对小灯进行控制，画出硬件接线图并编写梯形图及语句表程序。

根据上述要求，画出的硬件接线图如图 2-25a 所示，梯形图和语句表如图 2-25b、c 所示。

2）当合上开关 S1 时，小灯 1、2 亮；当合上开关 S2 时，小灯 1、2 灭。试用 PLC 对两小灯进行控制，画出硬件接线图并编写梯形图及语句表程序。

根据上述要求，画出的硬件接线图如图 2-26a 所示，梯形图和语句表如图 2-26b、c 所示。

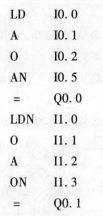

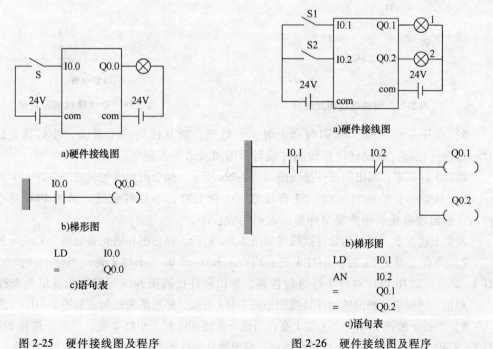

a)硬件接线图

b)梯形图

LD	I0.0
=	Q0.0

c)语句表

图 2-25　硬件接线图及程序

a)硬件接线图

b)梯形图

LD	I0.1
AN	I0.2
=	Q0.1
=	Q0.2

c)语句表

图 2-26　硬件接线图及程序

3）当按下按钮 SB1 时，小灯亮；当按下按钮 SB2 时，小灯灭。试用 PLC 对小灯进行控制，画出硬件接线图并编写梯形图及语句表程序。

根据上述要求，画出的硬件接线图如图 2-27a 所示，梯形图和语句表如图 2-27b、c 所示。

注：自锁用本阶梯中任何一个输出线圈对应操作数的常开触点实现。

4）当按下按钮 SB 时，小灯 1、2、3 亮；当合上开关 S 时，小灯 1、2、3 灭。试用 PLC 对三小灯进行控制，画出硬件接线图并编写梯形图及语句表程序。

根据上述要求，画出的硬件接线图如图 2-28a 所示，梯形图和语句表如图 2-28b、c 所示。

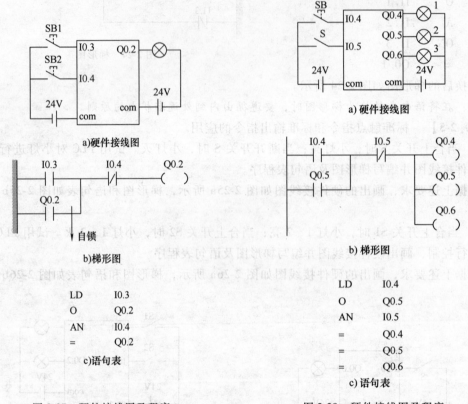

图 2-27 硬件接线图及程序　　　　　图 2-28 硬件接线图及程序

5）当开关 S1、S2、S3 同时合上时，小灯亮；断开任何一个开关，小灯灭。试用 PLC 对小灯进行控制，画出硬件接线图并编写梯形图及语句表程序。

根据上述要求，画出的硬件接线图如图 2-29a 所示，梯形图和语句表如图 2-29b、c 所示。

6）只要三个开关 S1、S2、S3 有任意一个合上时，小灯都会亮。试用 PLC 对小灯进行控制，画出硬件接线图并编写梯形图及语句表程序。

根据上述要求，画出的硬件接线图如图 2-30a 所示，梯形图和语句表如图 2-30b、c 所示。

7）当合上开关 S1 时，小灯 1 亮；当合上开关 S2 时，小灯 2 亮；当合上开关 S3 时，小灯 1、2 灭。试用 PLC 对两小灯进行控制，画出硬件接线图并编写梯形图及语句表程序。

根据上述要求，画出的硬件接线图如图 2-31a 所示，梯形图和语句表如图 2-31b、c 所示。

8）当按下按钮 SB1 时，小灯 1 亮；当按下按钮 SB2 时，小灯 2 亮；当按下按钮 SB3 时，小灯 1、2 灭。试用 PLC 对两小灯进行控制，画出硬件接线图并编写梯形图及语句表程序。

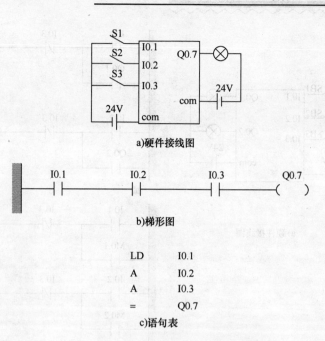

a)硬件接线图

b)梯形图

```
LD       I0.1
A        I0.2
A        I0.3
=        Q0.7
```

c)语句表

图 2-29 硬件接线图及程序

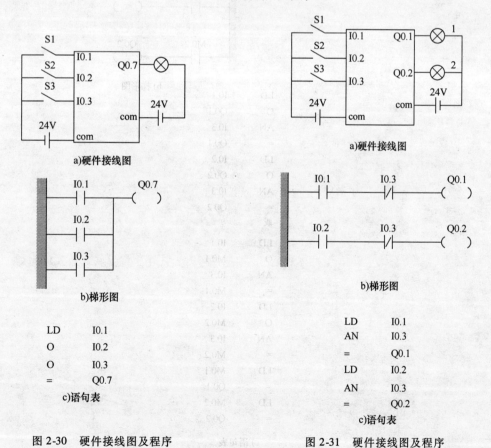

a)硬件接线图

b)梯形图

```
LD       I0.1
O        I0.2
O        I0.3
=        Q0.7
```

c)语句表

图 2-30 硬件接线图及程序

a)硬件接线图

b)梯形图

```
LD       I0.1
AN       I0.3
=        Q0.1
LD       I0.2
AN       I0.3
=        Q0.2
```

c)语句表

图 2-31 硬件接线图及程序

根据上述要求，画出的硬件接线图如图 2-32a 所示，梯形图和语句表如图 2-32b、c 所示。

39

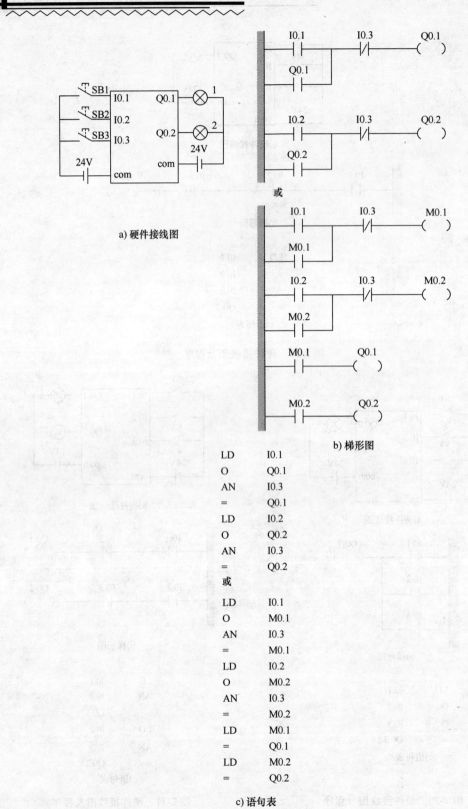

a) 硬件接线图

b) 梯形图

LD	I0.1
O	Q0.1
AN	I0.3
=	Q0.1
LD	I0.2
O	Q0.2
AN	I0.3
=	Q0.2

或

LD	I0.1
O	M0.1
AN	I0.3
=	M0.1
LD	I0.2
O	M0.2
AN	I0.3
=	M0.2
LD	M0.1
=	Q0.1
LD	M0.2
=	Q0.2

c) 语句表

图 2-32   硬件接线图及程序

9）当合上开关 S 时，小灯闪烁；当断开开关 S 时，小灯灭。试用 PLC 对小灯进行控制，画出硬件接线图并编写梯形图及语句表程序。

根据上述要求，画出的硬件接线图如图 2-33a 所示，梯形图和语句表如图 2-33b、c 所示。

10）当按下按钮 SB1 时，小灯闪烁；当按下按钮 SB2 时，小灯灭。试用 PLC 对小灯进行控制，画出硬件接线图并编写梯形图及语句表程序。

根据上述要求，画出的硬件接线图如图 2-34a 所示，梯形图和语句表如图 2-34b、c 所示。

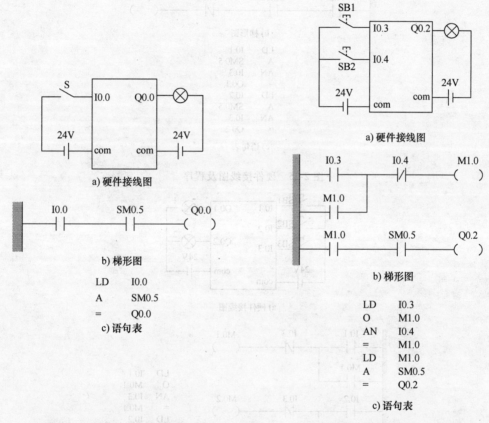

图 2-33 硬件接线图及程序   图 2-34 硬件接线图及程序

11）当合上开关 S1 时，小灯 1 闪烁；当合上开关 S2 时，小灯 2 闪烁；当合上开关 S3 时，小灯 1、2 灭。试用 PLC 对两小灯进行控制，画出硬件接线图并编写梯形图及语句表程序。

根据上述要求，画出的硬件接线图如图 2-35a 所示，梯形图和语句表如图 2-35b、c 所示。

12）当按下按钮 SB1 时，小灯 1 闪烁；当按下按钮 SB2 时，小灯 2 闪烁；当按下按钮 SB3 时，小灯 1、2 灭。试用 PLC 对两小灯进行控制，画出硬件接线图并编写梯形图及语句表程序。

根据上述要求，画出的硬件接线图如图 2-36a 所示，梯形图和语句表如图 2-36b、c 所示。

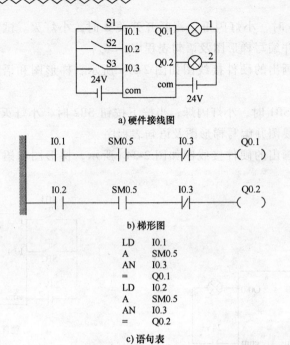

a) 硬件接线图

b) 梯形图

```
LD    I0.1
A     SM0.5
AN    I0.3
=     Q0.1
LD    I0.2
A     SM0.5
AN    I0.3
=     Q0.2
```

c) 语句表

图 2-35　硬件接线图及程序

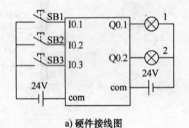

a) 硬件接线图

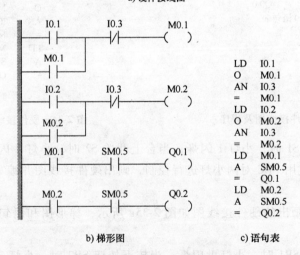

b) 梯形图

```
LD    I0.1
O     M0.1
AN    I0.3
=     M0.1
LD    I0.2
O     M0.2
AN    I0.3
=     M0.2
LD    M0.1
A     SM0.5
=     Q0.1
LD    M0.2
A     SM0.5
=     Q0.2
```

c) 语句表

图 2-36　硬件接线图及程序

注: 所列举实例的梯形图及语句表程序并不是唯一的, 可以有多种形式。如输出线圈可以对应于 M 寄存器的操作数等。

任务三　触点组（电路块）与、或指令的应用

一、触点组（电路块）“与”指令 ALD

ALD 指令用于两个或两个以上并联触点组的串联操作。

1. ALD 指令的梯形图（见图 2-37）

当“X0 或 X1”与“X2 或 X3”均为 ON（1）时，则输出 Y0 才为 ON（1）。

X 的操作数包括 I、Q、M、SM、T、C、V、S、L。

Y 的操作数包括 Q、M、V、S、L。

2. ALD 指令的语句表（见图 2-38）

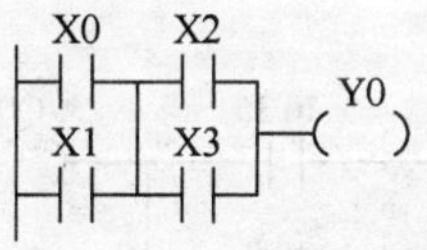

图 2-37　ALD 指令对应的梯形图

LD　X0 } 块
O　X1
LD　X2 } 块
O　X3
ALD } 串联
=　Y0

图 2-38　ALD 指令对应的语句表

3. 说明

两个或两个以上的触点并联时，称为触点组，也称为电路块，在编程时触点组左边的线为左母线，意味着电路块开始的指令为 LD 或 LDN。

二、触点组（电路块）“或”指令 OLD

OLD 指令用于两个或两个以上串联触点组的并联操作。

1. OLD 指令的梯形图（见图 2-39）

当“X0 与 X1”或“X2 与 X3”为 ON（1）时，则输出 Y0 为 ON（1）。

X 的操作数包括 I、Q、M、SM、T、C、V、S、L。

Y 的操作数包括 Q、M、V、S、L。

2. OLD 指令的语句表（见图 2-40）

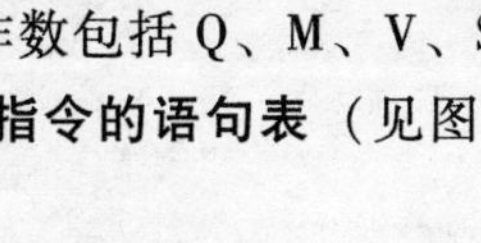

图 2-39　OLD 指令对应的梯形图

LD　X0 } 块
A　X1
LD　X2 } 块
A　X3
OLD } 并联
=　Y0

图 2-40　OLD 指令对应的语句表

三、ALD、OLD 指令使用说明

1）并联电路块是指两条以上支路并联形成的电路，并联电路块与其前电路串联连接时使用 ALD 指令，电路块开始的触点使用 LD 或 LDN 指令，并联电路结束后使用 ALD 指令与前面电路串联。

2）可以依次使用 ALD 指令串联多个并联电路块，如后面的示例图 2-42 所示。

3）串联电路块是指两条以上支路串联形成的电路，串联电路块与其前电路并联连接时使用 OLD 指令，电路块开始的触点使用 LD 或 LDN 指令，串联电路块结束后使用 OLD 指令与前面电路并联。

4）可以依次使用 OLD 指令并联多个并联电路块，如后面的示例图 2-44 所示。

5）ALD、OLD 指令无操作数。

【例2-6】 将下列梯形图转换为语句表。

1）梯形图如图 2-41 所示。

对应的语句表为：

LD	I0.1
O	I0.2
LD	I0.3
ON	I0.4
ALD	
=	Q0.1

图 2-41 梯形图

2）梯形图如图 2-42 所示。

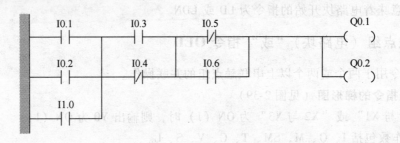

图 2-42 梯形图

对应的语句表为：

LD	I0.1		LDN	I0.5
O	I0.2		O	I0.6
O	I1.0		ALD	
LD	I0.3		=	Q0.1
ON	I0.4		=	Q0.2
ALD				

3）梯形图如图 2-43 所示。

对应的语句表为：

　　　LD　　I0.1

　　　AN　　I0.2

　　　LDN　I0.3

　　　A　　　I0.4

　　　OLD

　　　=　　　Q0.1

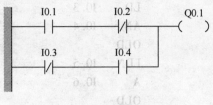

图 2-43　梯形图

4）梯形图如图 2-44 所示。

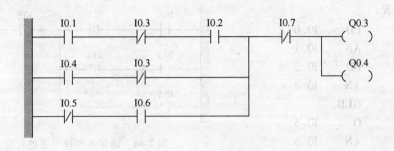

图 2-44　梯形图

对应的语句表为：

LD	I0.1		LDN	I0.5
AN	I0.3		A	I0.6
A	I0.2		OLD	
LD	I0.4		AN	I0.7
AN	I0.3		=	Q0.3
OLD			=	Q0.4

5）梯形图如图 2-45 所示。

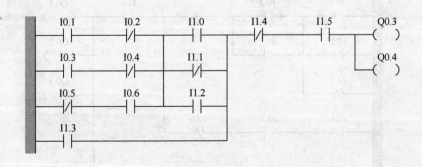

图 2-45　梯形图

对应的语句表为：

LD	I0.1	ON	I1.1
AN	I0.2	O	I1.2
LD	I0.3	ALD	
AN	I0.4	O	I1.3
OLD		AN	I1.4
LDN	I0.5	A	I1.5
A	I0.6	=	Q0.3
OLD		=	Q0.4
LD	I1.0		

【**例 2-7**】　将下列语句表转换为梯形图。

1）语句表：

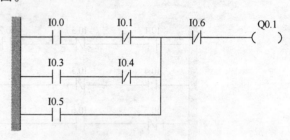

LD	I0.0
AN	I0.1
LD	I0.3
AN	I0.4
OLD	
O	I0.5
AN	I0.6
=	Q0.1

图 2-46　语句表和梯形图的对应关系

转换后的梯形图如图 2-46 所示。

2）语句表：

LD	I0.1	AN	I0.6
O	I0.1	OLD	
ON	I0.2	AN	I1.0
LD	I0.3	O	I1.1
O	I0.5	=	Q0.1
ALD		=	Q0.2
LD	I0.6	=	Q0.3
A	I0.7		

转换后的梯形图如图 2-47 所示。

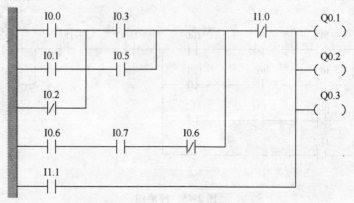

图 2-47　梯形图

46

3）语句表：

LD	I0.1	O	I0.7
A	I0.1	ALD	
AN	I0.2	AN	I1.0
LD	I0.3	A	I1.1
A	I0.5	O	I1.2
OLD		=	Q0.0
LD	I0.6		

转换后的梯形图如图 2-48 所示。

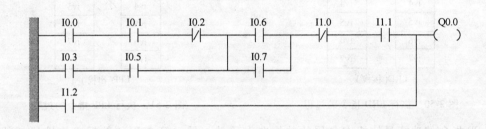

图 2-48　梯形图

任务四　堆栈指令的应用

一、压入堆栈指令 LPS

1）语句表：LPS。

2）LPS 指令无操作数、无梯形图。

3）执行 LPS 指令的过程如图 2-49 所示。

LPS 指令的功能是复制栈顶的值并将其压入堆栈的第 2 层，堆栈中原来的数据依次下移一层堆栈，栈底值被推出丢失。

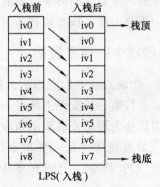

图 2-49　执行 LPS 指令的过程

二、读出堆栈指令 LRD

1）语句表：LRD。

2）LRD 指令无操作数、无梯形图。

3）执行 LRD 指令的过程如图 2-50 所示。

LRD 指令的功能是将堆栈中第 2 层的数据复制到栈顶，第 2～9 层的数据不变，原栈顶值消失。

三、弹出堆栈指令 LPP

1）语句表：LPP。

2）LPP 指令无操作数、无梯形图。

3）执行 LPP 指令的过程如图 2-51 所示。

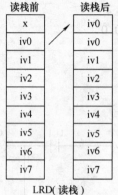

图 2-50　执行 LRD 指令的过程

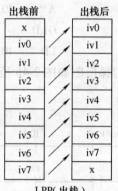

图 2-51　执行 LPP 指令的过程

　　LPP 指令的功能是使栈中各层的数据向上移动一层，第 2 层的数据成为堆栈新的栈顶值，栈顶原来的数据从栈内消失。

四、装载堆栈指令 LDS

1）语句表：LDS n（n = 1 ~ 8）。

2）LDS 指令无操作数、无梯形图。

3）执行 LDS 指令的过程如图 2-52 所示。

　　LDS 指令的功能是复制第 n 级的值，并从栈顶压入，其他各级依次向下移一级，栈底值被压出而丢失。

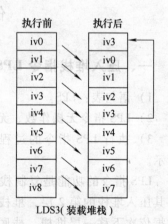

图 2-52　执行 LDS 指令的过程

五、堆栈指令的使用说明

　　1）如果一个触点或者触点组后面连接有两条或者两条以上的支路，并且第一条支路上既有触点又有输出线圈，则此时将梯形图转换为语句表时要用到堆栈指令，从上而下第一条支路对应的堆栈指令是 LPS 指令，最后一条支路对应的堆栈指令是 LPP 指令，中间有多少条支路就用多少条 LRD 堆栈指令。

　　2）如果一个触点或者触点组后面连接有两条以上的支路，并且第一条支路上只有输出线圈，而第二条支路上既有触点又有输出线圈，则此时将梯形图转换为语句表时第一条和第二条支路合并为一个整体，对应于 LPS 指令，最后一条支路对应于 LPP 指令，中间有多少条支路就用多少条 LRD 指令。如果第一条和第二条支路上只有输出线圈，而第三条支路上既有触点又有输出线圈，则此时将梯形图转换为语句表时第一条、第二条和第三条支路合并为一个整体，对应于 LPS 指令，最后一条支路对应于 LPP 指令，中间有多少条支路就用多少条 LRD 指令。其他情况依次类推。

3）如果一个触点或者触点组后面连接有两条或者两条以上的支路，并且只有最后一条支路既有触点又有输出线圈，其他支路没有触点只有输出线圈，则此时将梯形图转换为语句表时不运用堆栈指令。

4）LPS 指令和 LPP 指令必须成对出现使用。

【例 2-8】　将下列梯形图转换为语句表。

1）梯形图如图 2-53 所示。

对应的语句表为：

LD	I0. 1
LPS	
AN	I0. 1
=	Q0. 1
LRD	
A	I0. 2
=	Q0. 2
LPP	
A	I0. 3
=	Q0. 3

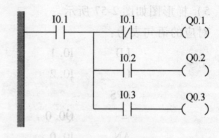

图 2-53　梯形图

2）梯形图如图 2-54 所示。

对应的语句表为：

LD	I0. 1
ON	I0. 2
LPS	
A	I0. 3
=	Q0. 3
LPP	
AN	I0. 4
=	Q0. 4

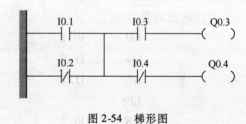

图 2-54　梯形图

3）梯形图如图 2-55 所示。

对应的语句表为：

LD	I0. 1
ON	I0. 2
LPS	
A	I0. 3
=	Q0. 3
LRD	
=	Q0. 4
LPP	
=	Q0. 5

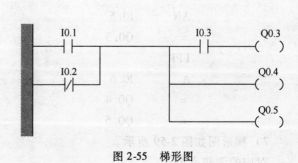

图 2-55　梯形图

49

4）梯形图如图 2-56 所示。

对应的语句表为：

LD	I0.1
O	I0.2
=	Q0.0
=	Q0.1
A	I0.3
=	Q0.5

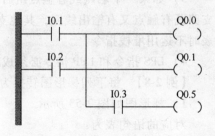

图 2-56　梯形图

5）梯形图如图 2-57 所示。

对应的语句表为：

LD	I0.1
O	I0.2
LPS	
=	Q0.0
AN	I0.0
=	Q0.1
LPP	
A	I0.3
=	Q0.2

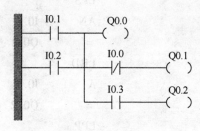

图 2-57　梯形图

6）梯形图如图 2-58 所示。

对应的语句表为：

LD	I0.1
O	I1.0
AN	I1.1
LPS	
AN	I0.2
=	Q0.1
LRD	
A	I0.3
=	Q0.2
LRD	
AN	I0.5
=	Q0.3
LPP	
A	I0.6
=	Q0.4
=	Q0.5

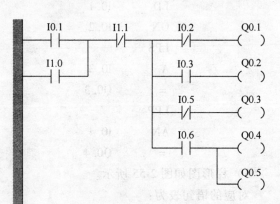

图 2-58　梯形图

7）梯形图如图 2-59 所示。

对应的语句表为：

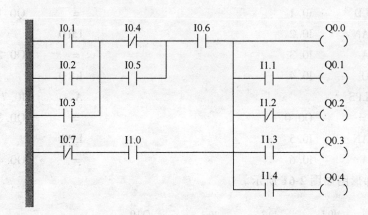

图 2-59　梯形图

LD	I0. 1		A	I1. 1
O	I0. 2		=	Q0. 1
O	I0. 3		LRD	
LDN	I0. 4		AN	I1. 2
O	I0. 5		=	Q0. 2
ALD			LRD	
A	I0. 6		A	I1. 3
LDN	I0. 7		=	Q0. 3
A	I1. 0		LPP	
OLD			A	I1. 4
LPS			=	Q0. 4
=	Q0. 0			

8）梯形图如图 2-60 所示。

对应的语句表为：

LD	I0. 1
AN	I0. 2
LD	I0. 3
A	I0. 4
OLD	
O	I0. 5
=	Q0. 0
=	Q0. 1
=	Q0. 2
A	I0. 6
=	Q0. 3

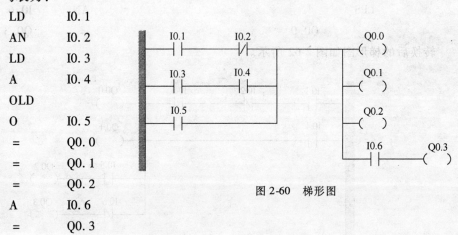

图 2-60　梯形图

【例 2-9】　将下列语句表转换为梯形图。

1）语句表：

LD	I0.1		=	Q0.1
AN	I0.2		LRD	
A	I0.3		=	Q0.2
O	I0.4		LRD	
LPS			A	I0.7
=	Q0.0		=	Q0.3
AN	I0.5		LPP	
A	I0.6		=	Q0.4

转换后的梯形图如图 2-61 所示。

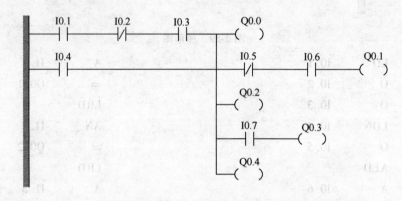

图 2-61　梯形图

2）语句表：

LD	I0.1		=	Q0.1
AN	I0.2		A	I0.5
A	I0.3		=	Q0.2
O	I0.4		LPP	
LPS			AN	I0.6
=	Q0.0		=	Q0.3

转换后的梯形图如图 2-62 所示。

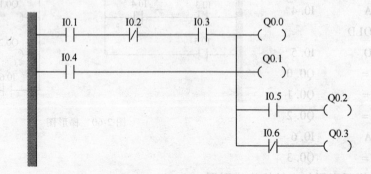

图 2-62　梯形图

52

3）语句表：

LD	I0.1		=	Q0.1
AN	I0.2		=	Q0.2
A	I0.3		A	I0.6
O	I0.4		AN	I0.7
=	Q0.0		=	Q0.3

转换后的梯形图如图 2-63 所示。

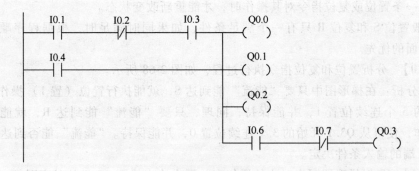

图 2-63 梯形图

任务五　标准置位、复位指令及正负跳变、取反指令的应用

一、标准置位指令 S

1）标准置位指令 S 对应的梯形图如图 2-64 所示。

2）标准置位指令 S 对应的语句表如图 2-65 所示。

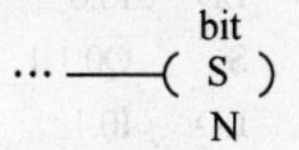

$$\cdots \underset{N}{—(\overset{bit}{S})}$$

图 2-64　标准置位指令 S 对应
的梯形图

S bit , N

图 2-65　标准置位指令 S 对应
的语句表

二、标准复位指令 R

1）标准复位指令 R 对应的梯形图如图 2-66 所示。

2）标准复位指令 R 对应的语句表如图 2-67 所示。

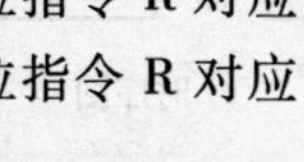

$$\cdots \underset{N}{—(\overset{bit}{R})}$$

图 2-66　标准复位指令 R 对应
的梯形图

R bit , N

图 2-67　标准复位指令 R 对应
的语句表

53

三、标准置位指令 S 和复位指令 R 的使用说明

1）S 和 R 是操作码；bit 是指令中给出的第一个操作数，用来指定该位在存储器中的位置，存储器可以是 I、Q、M、SM、T、C、V、S、L；N 是指令中给出的第二个操作数，用来指定可连续操作的位数，范围在 1～255。

2）执行置位或复位指令时，从 bit 位开始的 N 个连续位都被置位（置 1）或复位（置 0）。能否执行置位或复位指令取决于输入端的条件，当输入端为 1 时开始置位或复位并保持，直到下一条置位或复位指令对其操作时，才能重新改变状态。

3）一般置位 S 和复位 R 只有一个满足条件，如果同时满足时，根据程序顺序扫描规律，排在下面的优先。

【例 2-10】 分析置位和复位指令执行过程，如图 2-68 所示。

梯形图分析：在梯形图中只要"能流"能到达 S，就能执行置位（置 1）操作，使得从 Q2.0 开始的 5 个连续位置 1，并能保持；同理，只要"能流"能到达 R，就能执行复位（置 0）操作，使得从 Q3.1 开始的 3 个连续位置 0，并能保持。"能流"能否到达 S 或 R 是由 S 端或 R 端的输入条件决定。

【例 2-11】 根据梯形图写出对应的语句表并画出输出线圈 Q0.1 的时序图。

与图 2-69a 对应的语句表和输出线圈 Q0.1 的时序图如图 2-69b、c 所示。

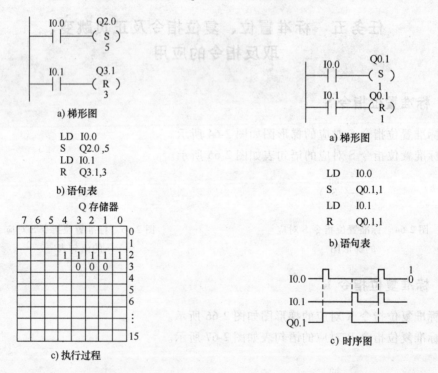

图 2-68 标准置位 S 指令和复位 R 指令
的执行过程

图 2-69 梯形图和语句表、时序图
的对应关系

【例 2-12】 将下列梯形图转换为语句表。

1）梯形图如图 2-70 所示。

54

对应的语句表为：

    LD   I0.2

    S   Q1.0，2

    LD   I0.3

    R   Q1.0，2

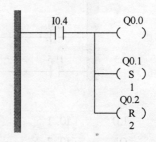

图 2-70　梯形图

2）梯形图如图 2-71 所示。

对应的语句表为：

    LD   I0.4

    =   Q0.0

    S   Q0.1，1

    R   Q0.2，2

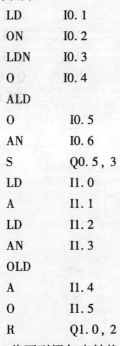

图 2-71　梯形图

3）梯形图如图 2-72 所示。

对应的语句表为：

    LD   I0.1

    ON   I0.2

    LDN   I0.3

    O   I0.4

    ALD

    O   I0.5

    AN   I0.6

    S   Q0.5，3

    LD   I1.0

    A   I1.1

    LD   I1.2

    AN   I1.3

    OLD

    A   I1.4

    O   I1.5

    R   Q1.0，2

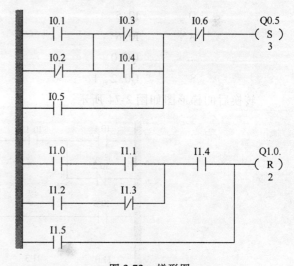

图 2-72　梯形图

【例 2-13】　将下列语句表转换为梯形图。

1）语句表：

LD	I0.1		LD	I1.0
ON	I0.2		A	I1.1
O	I0.4		AN	I1.3
O	I0.5		A	I1.4
AN	I0.6		O	I1.5
S	Q0.2，1		R	Q0.6，2

转换后的梯形图如图 2-73 所示。

2）语句表：

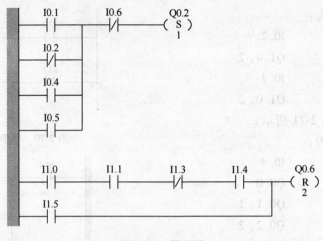

图 2-73　梯形图

LD	I0.1		LD	I1.0
ON	I0.2		O	I1.1
A	I0.4		AN	I1.3
O	I0.5		A	I1.4
AN	I0.6		R	Q0.6, 2
=	Q0.0		=	Q0.1
S	Q0.2, 1			

转换后的梯形图如图 2-74 所示。

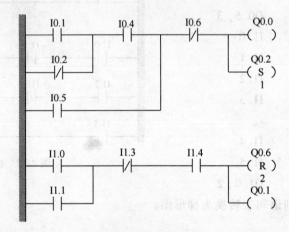

图 2-74　梯形图

【例 2-14】　标准置位指令 S 和复位指令 R 的应用。

1）当按下按钮 SB1 时，小灯亮；当按下按钮 SB2 时，小灯灭。试用 PLC 对小灯进行控制，画出硬件接线图并编写 S、R 指令的梯形图及语句表程序。

根据上述要求，画出的硬件接线图如图 2-75a 所示，梯形图和语句表如图 2-75b、c 所示。

2）当按下按钮 SB 时，小灯 1、2、3 亮；当合上开关 S 时，小灯 1、2、3 灭。试用 PLC 对三小灯进行控制，画出硬件接线图并编写 S、R 指令的梯形图及语句表程序。

根据上述要求，画出的硬件接线图如图 2-76a 所示，梯形图和语句表如图 2-76b、c 所示。

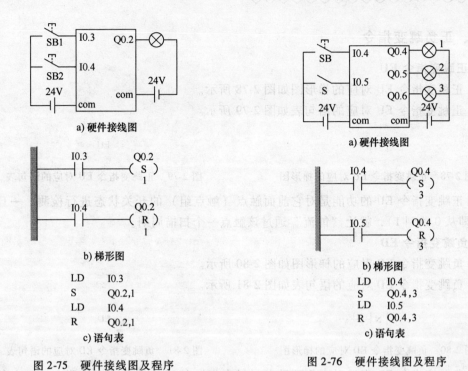

图 2-75 硬件接线图及程序

图 2-76 硬件接线图及程序

3）当按下按钮 SB1 时，小灯 1 闪烁；当按下按钮 SB2 时，小灯 2 闪烁；当按下按钮 SB3 时，小灯 1、2 灭。试用 PLC 对两小灯进行控制，画出硬件接线图并编写 S、R 指令的梯形图及语句表程序。

根据上述要求，画出的硬件接线图如图 2-77a 所示，梯形图和语句表如图 2-77b、c 所示。

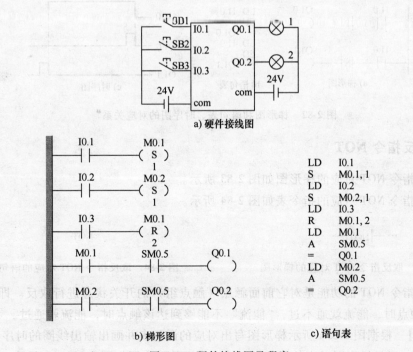

图 2-77 硬件接线图及程序

四、正负跳变指令

1. 正跳变指令 EU

1）正跳变指令 EU 对应的梯形图如图 2-78 所示。

2）正跳变指令 EU 对应的语句表如图 2-79 所示。

··· ─┤ P ├── ···   EU

图 2-78　正跳变指令 EU 对应的梯形图　　　　　　图 2-79　正跳变指令 EU 对应的语句表

3）正跳变指令 EU 的功能是对它前面触点（触点组）的开关状态进行检测。一旦有正跳变（即从 0 跳到 1），就让"能流"通过该触点一个扫描周期。

2. 负跳变指令 ED

1）负跳变指令 ED 对应的梯形图如图 2-80 所示。

2）负跳变指令 ED 对应的语句表如图 2-81 所示。

··· ─┤ N ├── ···   ED

图 2-80　负跳变指令 ED 对应的梯形图　　　　　　图 2-81　负跳变指令 ED 对应的语句表

3）负跳变指令 ED 表示对它前面触点（触点组）的开关状态进行检测。一旦有负跳变（即从 1 跳到 0），就让"能流"通过该触点一个扫描周期。

【例 2-15】　根据图 2-82a 所示梯形图写出对应的语句表并画出输出线圈的时序图。

与图 2-82a 对应的语句表和输出线圈的时序图如图 2-82b、c 所示。

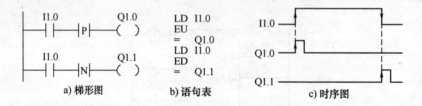

图 2-82　梯形图和语句表、时序图的对应关系

五、取反指令 NOT

1）取反指令 NOT 对应的梯形图如图 2-83 所示。

2）取反指令 NOT 对应的指令表如图 2-84 所示。

··· ─┤NOT├── ···   NOT

图 2-83　取反指令 NOT 对应的梯形图　　　　　　图 2-84　取反指令 NOT 对应的语句表

3）取反指令 NOT 的功能是对它前面触点（触点组）的开关状态进行取反。即"能流"能够到达该触点时，能流就通不过；"能流"不能够到达该触点时，能流就通过。

【例 2-16】　根据图 2-85a 所示梯形图写出对应的语句表并画出输出线圈的时序图。

与图 2-85a 所示梯形图对应的语句表和输出线圈的时序图如图 2-85b、c 所示。

58

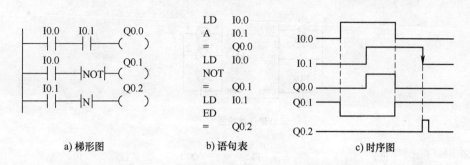

图 2-85　梯形图和语句表、时序图的对应关系

六、正负跳变指令 EU、ED、取反指令 NOT 的使用说明

1）EU、ED 指令只有在输入信号发生变化时有效，其输出信号的脉冲宽度为一个扫描周期。

2）对于开机时就为接通状态的输入条件，EU 指令不被执行。

3）EU、ED 指令无操作数。

4）取反指令没有操作数。执行该指令时，能流到达该触点时即停止；若能流未到达该触点，该触点为其右侧提供能流。

【例 2-17】　正负跳变指令、取反指令的应用。

1）当合上开关 S 时，小灯 1、2 亮。当按下按钮 SB 时，小灯 1、2 灭。试用 PLC 对小灯进行控制，画出硬件接线图并编写梯形图及语句表程序。

根据上述要求，画出的硬件接线图如图 2-86a 所示，梯形图和语句表如图 2-86b、c 所示。

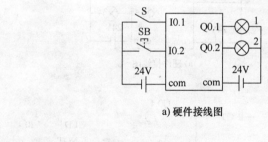

a) 硬件接线图

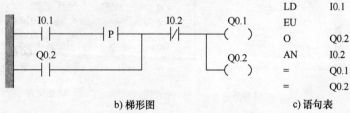

图 2-86　硬件接线图及程序

2）当合上开关 S 时，小灯 1 亮；当断开开关 S 时，小灯 2 亮；当按下按钮 SB 时，小灯 1、2 灭。试用 PLC 对小灯进行控制，画出硬件接线图并编写梯形图及语句表程序。

根据上述要求，画出的硬件接线图如图 2-87a 所示，梯形图和语句表如图 2-87b、c 所示。

3）当合上开关 S 时，小灯 1、2、3 灭；当断开开关 S 时，小灯 1、2、3 亮。试用 PLC 对小灯进行控制，画出硬件接线图并编写梯形图及语句表程序。

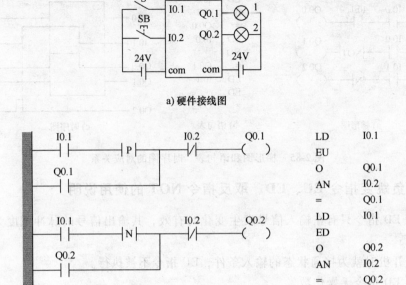

a) 硬件接线图

b) 梯形图   c) 语句表

图 2-87 硬件接线图及程序

根据上述要求，画出的硬件接线图如图 2-88a 所示，梯形图和语句表如图 2-88b、c 所示。

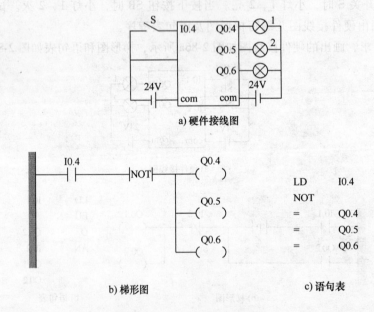

a) 硬件接线图

b) 梯形图   c) 语句表

图 2-88 硬件接线图及程序

4）当合上开关 S 时，小灯 1、2 闪烁；当按下按钮 SB 时，小灯 1、2 灭。试用 PLC 对小灯进行控制，画出硬件接线图并编写梯形图及语句表程序。

根据上述要求，画出的硬件接线图如图 2-89a 所示，梯形图和语句表如图 2-89b、c 所示。

5）当合上开关 S 时，小灯 1 闪烁；当断开开关 S 时，小灯 2 闪烁；当按下按钮 SB1 时，小灯 1、2 灭。试用 PLC 对小灯进行控制，画出硬件接线图并编写梯形图及语句表程序。

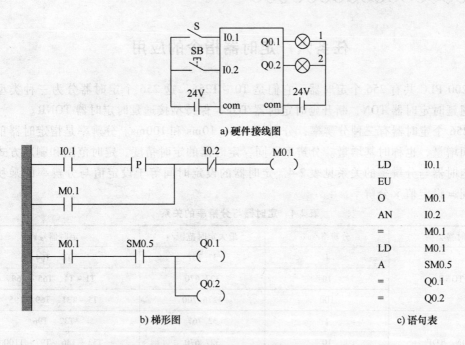

a) 硬件接线图

LD	I0.1
EU	
O	M0.1
AN	I0.2
=	M0.1
LD	M0.1
A	SM0.5
=	Q0.1
=	Q0.2

b) 梯形图

c) 语句表

图 2-89　硬件接线图及程序

根据上述要求，画出的硬件接线图如图 2-90a 所示，梯形图和语句表如图 2-90b、c 所示。

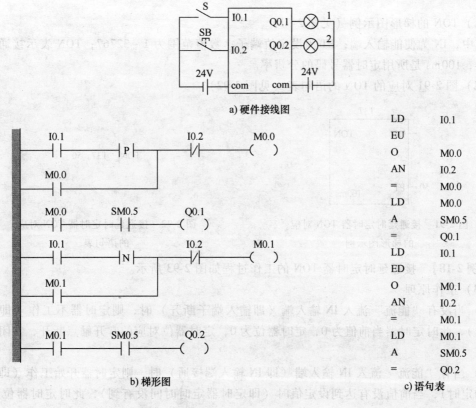

a) 硬件接线图

LD	I0.1
EU	
O	M0.0
AN	I0.2
=	M0.0
LD	M0.0
A	SM0.5
=	Q0.1
LD	I0.1
ED	
O	M0.1
AN	I0.2
=	M0.1
LD	M0.1
A	SM0.5
=	Q0.2

b) 梯形图

c) 语句表

图 2-90　硬件接线图及程序

61

任务六　定时器指令的应用

S7-200 PLC 共有 256 个定时器，它们是 T0 ~ T255。这 256 个定时器分为三种类型，分别是接通延时定时器 TON、断开延时定时器 TOF、保持型接通延时定时器 TONR。

这 256 个定时器有三种分辨率，分别是 1ms、10ms 和 100ms。分辨率是指定时器单位时间的时间增量，也称时基增量。分辨率不同，定时器的定时精度、定时范围和刷新方式也不相同。定时器与分辨率的关系见表 2-4。定时器的设定时间等于设定值与分辨率的乘积，即设定时间 = 设定值 × 分辨率。

表 2-4　定时器与分辨率的关系

定时器类型	分辨率/ms	最大定时范围/s	定时器号码
	1	32.767	T0、T64
TONR	10	327.670	T1 ~ T4、T65 ~ T68
	100	3276.700	T5 ~ T31、T69 ~ T95
	1	32.767	T32、T96
TON、TOF	10	327.670	T33 ~ T36、T97 ~ T100
	100	3276.700	T37 ~ T63、T101 ~ T255

一、接通延时定时器 TON

（1）TON 的梯形图示例（见图 2-91）

其中，IN 为使能输入端；PT 为设定值端子，数值范围为 1 ~ 32767；TON 表示接通延时定时器；100ms 是所用定时器号码的分辨率。

（2）图 2-91 对应的 TON 的语句表（见图 2-92）

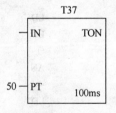

　　　　　　　　　　　　　　　　　　　　　　　　TON　T37，50

图 2-91　接通延时定时器 TON 对应　　　　　　图 2-92　接通延时定时器 TON 对应
　　　　的梯形图示例　　　　　　　　　　　　　　　　　的语句表

【例 2-18】　接通延时定时器 TON 的工作过程如图 2-93 所示。

（3）工作原理

1）当没有"能流"流入 IN 输入端（即输入端子断开）时，则定时器不工作（即定时器复位），此时定时器当前值为 0，定时器位为 0，定时器位对应的常开触点断开，常闭触点闭合。

2）当有"能流"流入 IN 输入端（即 IN 输入端接通）时，则定时器开始工作（即定时器开始定时），当前值没有达到设定值时（即定时器定时时间没有到），此时定时器位为 0，定时器位对应的常开触点断开，常闭触点闭合；当前值达到设定值时即定时器定时时间到，

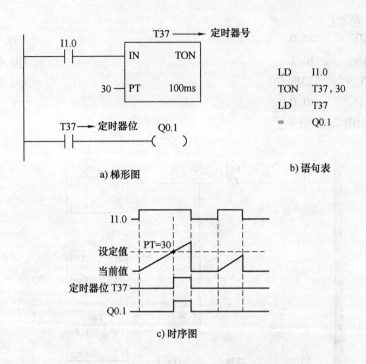

a) 梯形图   b) 语句表

c) 时序图

图 2-93 接通延时定时器 TON 的工作过程

则定时器位为 1，定时器位对应的常开触点闭合，常闭触点断开。

3）当有"能流"流入 IN 输入端（即输入端接通）时，则定时器开始工作（即定时器开始定时），当前值达到设定值时（即定时器定时时间到之后），IN 输入端保持接通状态不断开，则当前值会持续上升到 32767，定时器位从定时时间到以及之后保持为 1，定时器位对应的常开触点闭合，常闭触点断开。当 IN 输入端断开时，定时器停止工作（即复位），当前值从原来的值变为 0，定时器位从 1 变为 0，定时器位对应的常开触点断开，常闭触点闭合。

【例 2-19】 将下列梯形图转换为语句表。

1）梯形图如图 2-94 所示。

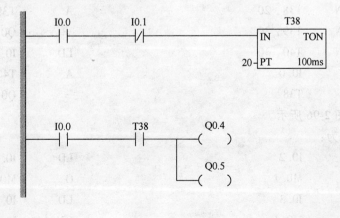

图 2-94 梯形图

63

对应的语句表为：

LD	I0.0		A	T38
AN	I0.1		=	Q0.4
TON	T38，20		=	Q0.5
LD	I0.0			

2）梯形图如图 2-95 所示。

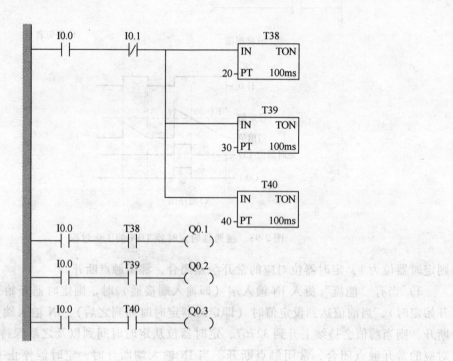

图 2-95 梯形图

对应的语句表为：

LD	I0.0		=	Q0.1
AN	I0.1		LD	I0.0
TON	T38，20		A	T39
TON	T39，30		=	Q0.2
TON	T40，40		LD	I0.0
LD	I0.0		A	T40
A	T38		=	Q0.3

3）梯形图如图 2-96 所示。

对应的语句表为：

LD	I0.2		LD	I0.4
O	M0.1		O	M0.1
AN	I0.3		LD	I0.5
=	M0.1		ON	I0.6

ALD		= Q0.5
TON T41，60		= Q0.6
LD T41		

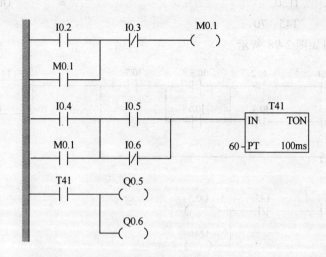

图 2-96 梯形图

【例 2-20】 将下列语句表转换为梯形图。

1）语句表：

LD	I0.1	AN	T42
A	I0.2	TON	T42，70
O	I0.3	=	Q0.2
AN	I0.4	=	Q0.3
A	I0.5		

转换后的梯形图如图 2-97 所示。

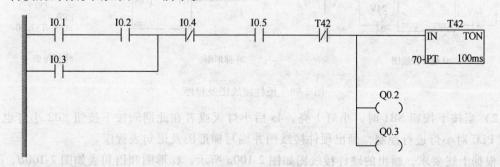

图 2-97 梯形图

2）语句表：

LD	I0.1	AN	I0.4
A	I0.2	OLD	
LD	I0.3	LD	I0.5

O	I0.6		LD	I1.1
ALD			AN	T45
A	I0.7		=	Q0.5
ON	I1.0		=	Q0.6
TON	T45，70			

转换后的梯形图如图 2-98 所示。

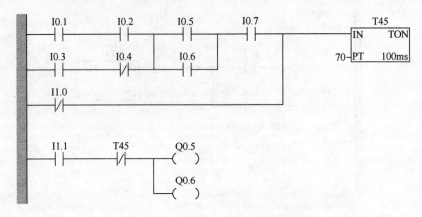

图 2-98　梯形图

【例 2-21】　定时器指令的应用。

1）当合上开关 S 时，小灯 1 亮，3s 后小灯 1 灭。试用 PLC 对小灯进行控制，画出硬件接线图并编写梯形图及语句表程序。

根据上述要求，画出的硬件接线图如图 2-99a 所示，梯形图和语句表如图 2-99b、c 所示。

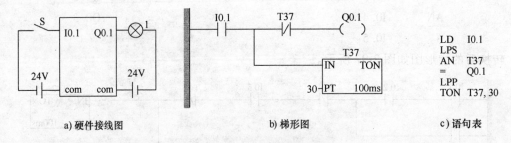

a) 硬件接线图　　　　　　　　　　b) 梯形图　　　　　　　　c) 语句表

图 2-99　硬件接线图及程序

2）当按下按钮 SB1 时，小灯 1 亮，4s 后小灯灭或者在此期间按下按钮 SB2 小灯也灭。试用 PLC 对小灯进行控制，画出硬件接线图并编写梯形图及语句表程序。

根据上述要求，画出的硬件接线图如图 2-100a 所示，梯形图和语句表如图 2-100b、c 所示。

3）当合上开关 S 时，小灯 1 亮，2s 后小灯 2 亮，再过 2s 后小灯 1、2 灭。试用 PLC 对小灯进行控制，画出硬件接线图并编写梯形图及语句表程序。

根据上述要求，画出的硬件接线图如图 2-101a 所示，梯形图和语句表如图 2-101b、c 所示。

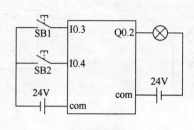

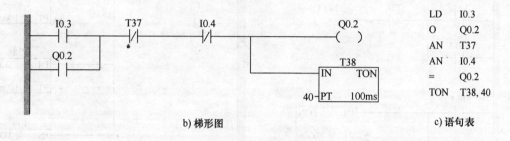

a) 硬件接线图

b) 梯形图

c) 语句表

图 2-100　硬件接线图及程序

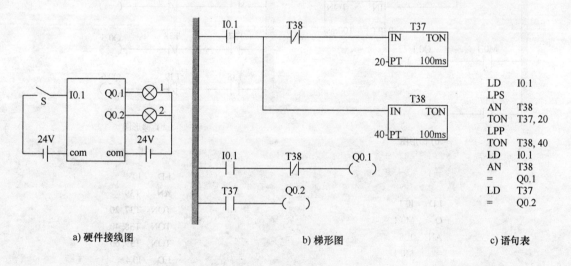

a) 硬件接线图

b) 梯形图

c) 语句表

图 2-101　硬件接线图及程序

4）当按下按钮 SB 时，小灯 1 亮，2s 后小灯 2 亮，再过 2s 后小灯 1、2 灭。试用 PLC 对小灯进行控制，画出硬件接线图并编写梯形图及语句表程序。

根据上述要求，画出的硬件接线图如图 2-102a 所示，梯形图和语句表如图 2-102b、c 所示。

5）当合上开关 S 时，小灯 1 亮，2s 后小灯 2 亮 1 灭，再过 2s 后小灯 3 亮 2 灭，再过 2s 后小灯 1 亮 3 灭，如此循环，当断开开关 S 时小灯全灭。试用 PLC 对小灯进行控制，画出硬件接线图并编写梯形图及语句表程序。

根据上述要求，画出的硬件接线图如图 2-103a 所示，梯形图和语句表如图 2-103b、c 所示。

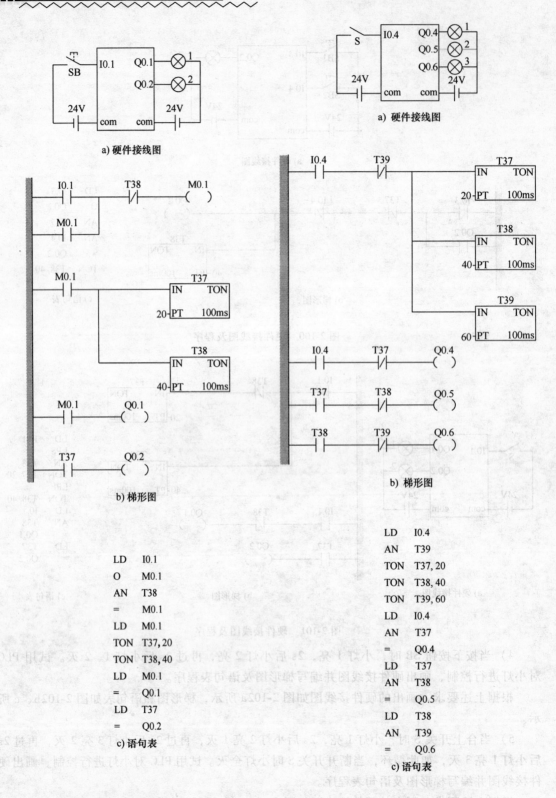

LD   I0.1
O   M0.1
AN   T38
=   M0.1
LD   M0.1
TON   T37, 20
TON   T38, 40
LD   M0.1
=   Q0.1
LD   T37
=   Q0.2

c) 语句表

LD   I0.4
AN   T39
TON   T37, 20
TON   T38, 40
TON   T39, 60
LD   I0.4
AN   T37
=   Q0.4
LD   T37
AN   T38
=   Q0.5
LD   T38
AN   T39
=   Q0.6

c) 语句表

图 2-102　硬件接线图及程序　　　　　　　图 2-103　硬件接线图及程序

6）当按下按钮 SB1 时，小灯 1 亮，2s 后小灯 2 亮 1 灭，再过 2s 后小灯 3 亮 2 灭，再过 2s 后小灯 1 亮 3 灭，如此循环，当按下按钮 SB2 时小灯全灭。试用 PLC 对小灯进行控制，画出硬件接线图并编写梯形图及语句表程序。

根据上述要求，画出的硬件接线图如图 2-104a 所示，梯形图和语句表如图 2-104b、c 所示。

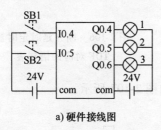

a) 硬件接线图

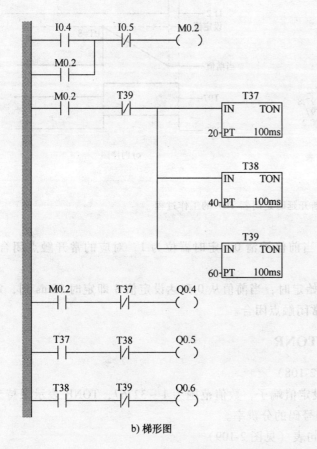

b) 梯形图

```
LD    I0.4
O     M0.2
AN    I0.5
=     M0.2
LD    M0.2
AN    T39
TON   T37, 20
TON   T38, 40
TON   T39, 60
LD    M0.2
AN    T37
=     Q0.4
LD    T37
AN    T38
=     Q0.5
LD    T38
AN    T39
=     Q0.6
```

c) 语句表

图 2-104　硬件接线图及程序

二、断开延时定时器 TOF

（1）TOF 的梯形图示例（见图 2-105）

其中，IN 为使能输入端，PT 为设定值端子，数值范围为 1～32 767，TOF 表示断开延时定时器，10ms 是所用定时器号码的分辨率。

（2）图 2-105 对应的 TOF 的语句表（见图 2-106）

TOF　T98,50

图 2-105　断开延时定时器　　　　　　　　　图 2-106　断开延时定时器
TOF 对应的梯形图示例　　　　　　　　　　　　TOF 对应的语句表

【例 2-22】　　断开延时定时器 TOF 的工作过程如图 2-107 所示。

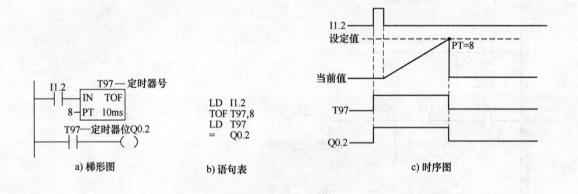

a）梯形图　　　　　b）语句表　　　　　c）时序图

图 2-107　断开延时定时器 TOF 的工作过程

（3）工作原理

1）当 IN 输入端接通时，定时器当前值被清 0，定时器位为 1，对应的常开触点闭合，常闭触点断开。

2）当 IN 输入端断开后定时器开始定时，当前值从 0 到达设定值 8 即定时 80ms 到，定时器位为 0，对应的常开触点断开，常闭触点闭合。

三、保持型接通延时定时器 TONR

（1）TONR 的梯形图示例（见图 2-108）

其中，IN 为使能输入端，PT 为设定值端子，数值范围为 1~32767，TONR 表示保持型接通延时定时器，10ms 是所用定时器号码的分辨率。

（2）图 2-108 对应的 TONR 的语句表（见图 2-109）

TONR　T4,100

图 2-108　保持型接通延时定时器　　　　　　图 2-109　保持型接通延时定时器
TONR 对应的梯形图示例　　　　　　　　　　　TONR 对应的语句表

【例2-23】 保持型接通延时定时器 TONR 的工作过程如图 2-110 所示。

（3）工作原理

1）当 IN 输入端接通定时器开始定时，当前值从 0 开始增加，即使 IN 输入端断开，当前值仍保持刚才增加到的值不变，再将 IN 输入端接通时，当前值继续增加，当增加到设定值 1 000 时即定时 10s 到，定时器位变为 1 并保持，此时如果 IN 输入端仍然接通，则当前值一直增加到 32 767 不再增加。

2）只有用 R 指令对 TONR 定时器进行复位，该定时器的定时器位才变为 0。

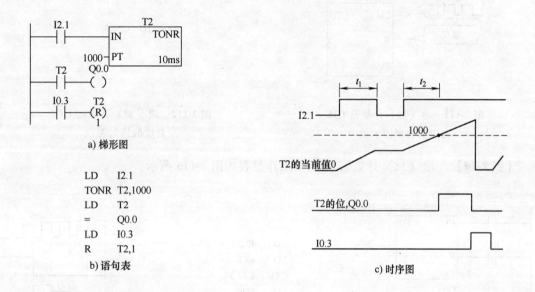

a) 梯形图

```
LD     I2.1
TONR   T2,1000
LD     T2
=      Q0.0
LD     I0.3
R      T2,1
```

b) 语句表

c) 时序图

图 2-110 保持型接通延时定时器 TONR 的工作过程

四、定时器指令的使用说明

1）接通延时定时器 IN 输入端断开时，定时器自动复位，即当前值清零，定时器位变为 0。

2）TON 和 TOF 指令不能共享同一个定时器号，即在同一个程序中，不能对同一个定时器同时使用 TON 和 TOF 指令。

3）断开延时定时器 TOF 可以用复位指令进行复位。

4）保持型接通延时定时器只能使用复位指令进行复位，即定时器当前值被清零，定时器位变为 0。

5）保持型接通延时定时器可实现累加输入端接通时间的功能。

任务七　计数器指令的应用

S7-200 PLC 共有 256 个计数器，它们是 C0 ~ C255。这 256 个计数器分为三种类型，分别是增（加）计数器 CTU、减计数器 CTD 和增（加）减计数器 CTUD。

一、增（加）计数器 CTU

（1）CTU 的梯形图示例（见图 2-111）

其中，CU 为计数端子，R 为复位端子，PV 为设定值端子，数值范围为 1～32 767，CTU 表示增（加）计数器。

（2）图 2-111 对应的 CTU 的语句表（见图 2-112）

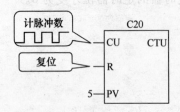

CTU　C20,5

图 2-111　增（加）计数器 CTU　　　　　图 2-112　增（加）计数器 CTU

对应的梯形图示例　　　　　　　　　对应的语句表

【例 2-24】　增（加）计数器 CTU 的工作过程如图 2-113 所示。

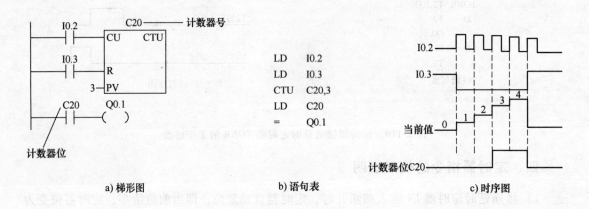

LD	I0.2
LD	I0.3
CTU	C20,3
LD	C20
=	Q0.1

a) 梯形图　　　　　　　b) 语句表　　　　　　　c) 时序图

图 2-113　增（加）计数器 CTU 的工作过程

（3）工作原理

1）增（加）计数器进行计数之前，先对其进行复位操作，即接通 R 复位端子，此时计数器被复位，计数器当前值和计数器位都为 0。

2）断开 R 复位端子，此时计数器复位完成，给 CU 端子输入不断发生正跳变的脉冲，每发生一次正跳变，增（加）计数器计一个数，当前值从 0 增加到 1、2、3 等，当前值达到设定值后，计数器位变为 1，其对应的常开触点闭合，常闭触点断开。直到再次接通 R 复位端子，计数器被复位，当前值和计数器位均又变为 0。

【例 2-25】　将下列梯形图转换为语句表。

1）梯形图如图 2-114 所示。

对应的语句表为：

LD	I0.1
LD	I0.2
CTU	C4，5
LD	I0.3

AN	C4
=	Q0.1
=	Q0.2

2）梯形图如图 2-115 所示。

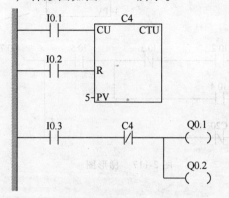
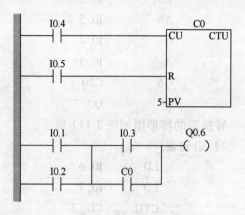

图 2-114　梯形图

图 2-115　梯形图

对应的语句表为：

LD	I0.4
LD	I0.5
CTU	C0，5
LD	I0.1
O	I0.2

LD	I0.3
O	C0
ALD	
=	Q0.6

3）梯形图如图 2-116 所示。

对应的语句表为：

LD	I0.0
LDN	I0.1
CTU	C0，2
LD	I0.2
LD	I0.3
CTU	C4，3
LD	I0.4
A	C0
=	Q0.0
=	Q0.1
LD	I0.4
AN	C4
=	Q0.2
=	Q0.3

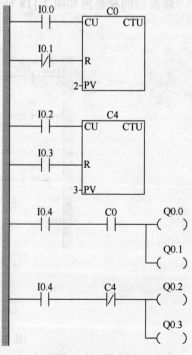

图 2-116　梯形图

【例 2-26】　将下列语句表转换为梯形图。

73

1）语句表：

LD	I0.0
LDN	I0.1
CTU	C20，3
LD	I0.2
AN	I0.3
O	I0.4
A	I0.5
ON	C20
=	Q0.7

转换后的梯形图如图 2-117 所示。

2）语句表：

LD	I0.6
LD	I0.7
CTU	C0，5
LD	I0.2
AN	I0.3
A	C0
=	Q0.1
=	Q0.2
=	Q0.3

转换后的梯形图如图 2-118 所示。

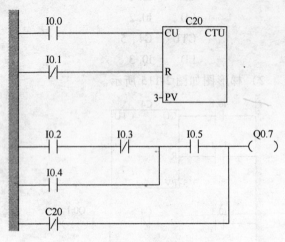

图 2-117　梯形图

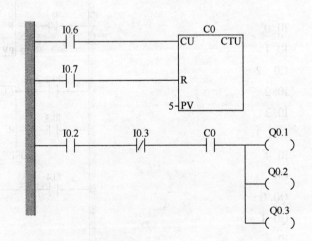

图 2-118　语句表和梯形图的对应关系

【例 2-27】　计数器指令的应用。

74

1）合上开关 S1 前，增计数器 C4 被复位，合上开关 S1 后，C20 复位完成。合上、断开开关 S2，如此重复 10 次后，小灯 1 亮。再将开关 S1 断开后，小灯 1 灭。试用 PLC 对小灯进行控制，画出硬件接线图并编写梯形图及语句表程序。

根据上述要求，画出的硬件接线图如图 2-119a 所示，梯形图和语句表如图 2-119b、c 所示。

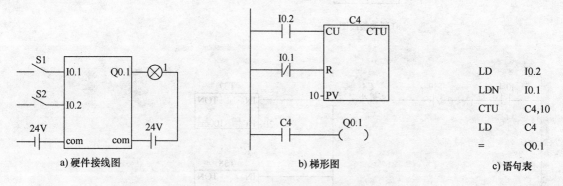

图 2-119   硬件接线图及程序

2）按下按钮 SB1 时，增计数器 C20 被复位，松开按钮 SB1，C20 复位完成。按下、松开按钮 SB2，如此重复 5 次后，小灯 1、2 亮。再将按钮 SB1 按下后，小灯 1、2 灭。试用 PLC 对小灯进行控制，画出硬件接线图并编写梯形图及语句表程序。

根据上述要求，画出的硬件接线图如图 2-120a 所示，梯形图和语句表如图 2-120b、c 所示。

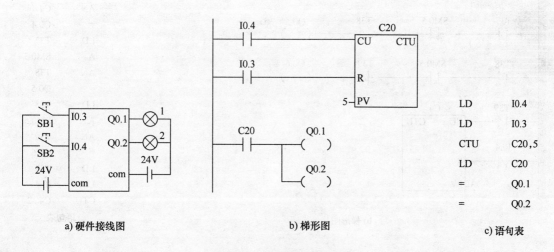

图 2-120   硬件接线图及程序

3）当合上开关 S 时，小灯 1 闪烁，2s 后小灯 2 闪烁 1 灭，再过 2s 后小灯 3 闪烁 2 灭，再过 2s 后小灯 1 闪烁 3 灭，如此循环 2 次后小灯全灭。试用 PLC 对小灯进行控制，画出硬件接线图并编写梯形图及语句表程序。

根据上述要求，画出的硬件接线图如图 2-121a 所示，梯形图和语句表如图 2-121b、c 所示。

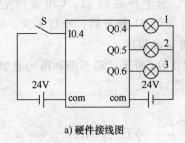

a) 硬件接线图

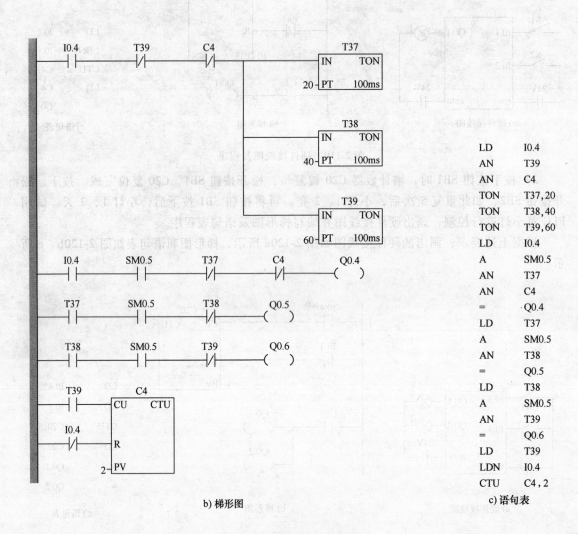

b) 梯形图

c) 语句表

图 2-121　硬件接线图及程序

4）当按下按钮 SB 时，小灯 1 闪烁，2s 后小灯 2 闪烁 1 灭，再过 2s 后小灯 3 闪烁 2 灭，再过 2s 后小灯 1 闪烁 3 灭，如此循环 3 次后小灯全灭。试用 PLC 对小灯进行控制，画出硬件接线图并编写梯形图及语句表程序。

根据上述要求，画出的硬件接线图如图 2-122a 所示，梯形图和语句表如图 2-122b、c 所示。

76

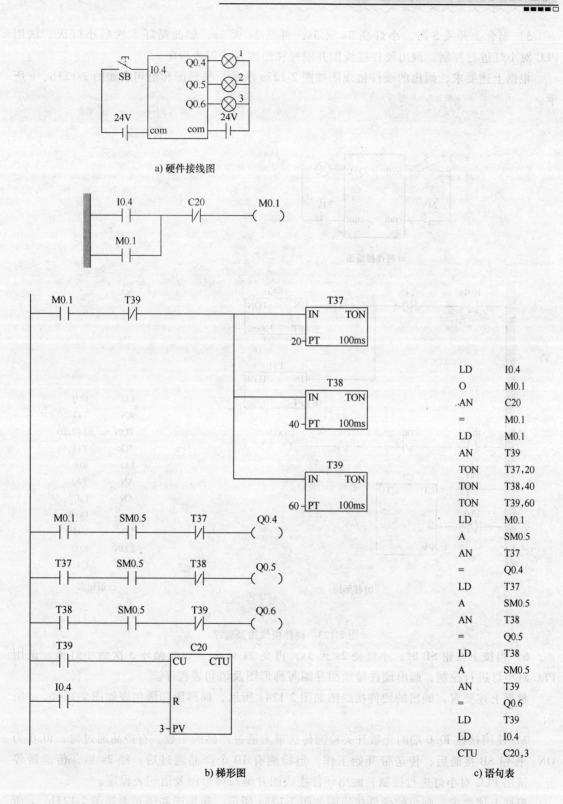

a) 硬件接线图

b) 梯形图

c) 语句表

图 2-122 硬件接线图及程序

5）当合上开关 S 时，小灯亮 2s 灭 3s，再亮 2s 灭 3s，如此循环 5 次后小灯灭。试用 PLC 对小灯进行控制，画出硬件接线图并编写梯形图及语句表程序。

根据上述要求，画出的硬件接线图如图 2-123a 所示，梯形图和语句表如图 2-123b、c 所示。

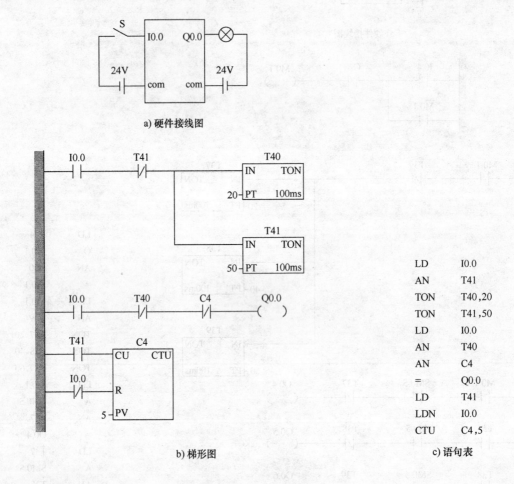

a) 硬件接线图

b) 梯形图

c) 语句表

图 2-123　硬件接线图及程序

6）当按下按钮 SB 时，小灯亮 2s 灭 3s，再亮 2s 灭 3s，如此循环 3 次后小灯灭。试用 PLC 对小灯进行控制，画出硬件接线图并编写梯形图及语句表程序。

根据上述要求，画出的硬件接线图如图 2-124a 所示，梯形图和语句表如图 2-124b、c 所示。

7）使用接在 I0.0 端的光敏开关检测传送带上通过产品的个数，有产品通过时，I0.0 为 ON。按钮 SB 接通后，传送带开始工作，当检测有 10 个产品通过后，经 2s 后，传送带停止。试用 PLC 对小灯进行控制，画出硬件接线图并编写梯形图及语句表程序。

根据上述要求，画出的硬件接线图如图 2-125a 所示，梯形图和语句表如图 2-125b、c 所示。

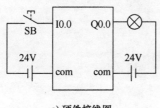

a) 硬件接线图

b) 梯形图

```
LD    I0.0
O     M0.2
AN    C4
=     M0.2
LD    M0.2
AN    T41
TON   T40,20
TON   T41,50
LD    M0.2
AN    T40
=     Q0.0
LD    T41
LD    I0.0
CTU   C4,3
```

c) 语句表

图 2-124　硬件接线图及程序

二、减计数器 CTD

（1）CTD 的梯形图示例（见图 2-126）

其中，CD 为计数端子，LD 为装载输入端子，PV 为设定值端子，数值范围为 1 ~ 32 767，CTD 表示减计数器。

（2）图 2-126 对应的 CTD 的语句表（见图 2-127）

【例 2-28】　减计数器 CTD 的工作过程如图 2-128 所示。

（3）工作原理

1）计数端子 CD：只要输入发生正跳变（从 0 变为 1），计数器就会计数。

2）装载输入端 LD：只要该端接通，减计数器就做初始化工作——复位，即把设定值装入计数寄存器供减计数用，计数器位变为 0，其对应的常开触点断开，常闭触点闭合。

3）开始减计数：只要 LD 端瞬间接通将设定值装入计数寄存器，计数器就开始对 CD 端

79

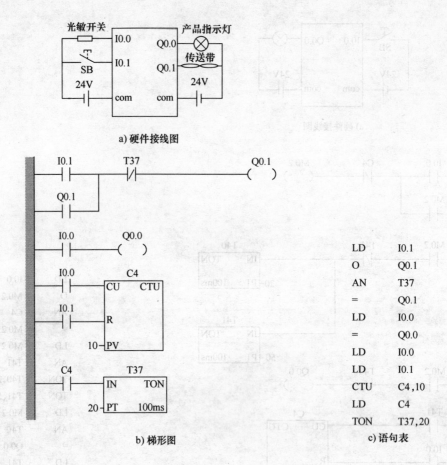

a) 硬件接线图

b) 梯形图

LD	I0.1
O	Q0.1
AN	T37
=	Q0.1
LD	I0.0
=	Q0.0
LD	I0.0
LD	I0.1
CTU	C4,10
LD	C4
TON	T37,20

c) 语句表

图 2-125　硬件接线图及程序

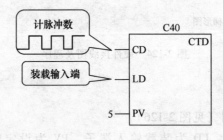

图 2-126　减计数器 CTD 对应的梯形图

CTD　　C40 , 5

图 2-127　减计数器 CTD
对应的语句表

的脉冲正跳变进行减计数了，直至当前值为 0 时停止计数，计数器位变为 1，其对应的常开触点闭合，常闭触点断开。

80

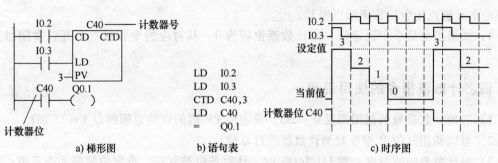

a) 梯形图	b) 语句表	c) 时序图

图 2-128　减计数器 CTD 的工作过程

三、增（加）减计数器 CTUD

（1）CTUD 的梯形图示例（见图 2-129）

其中，CU 为增（加）计数端子，CD 为减计数端子，R 为复位端子，PV 为设定值端子，数值范围为 1～32767，CTUD 表示增（加）减计数器。

（2）图 2-129 对应的 CTUD 的语句表（见图 2-130）

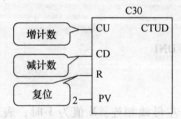

图 2-129　增（加）减计数器 CTUD
对应的梯形图示例

CTUD　C30,2

图 2-130　增（加）减计数器
CTUD 对应的语句表

【例 2-29】　增（加）减计数器 CTUD 的工作过程如图 2-131 所示。

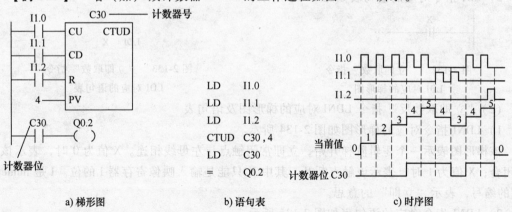

LD　　I1.0
LD　　I1.1
LD　　I1.2
CTUD　C30,4
LD　　C30
=　　　Q0.2

a) 梯形图	b) 语句表	c) 时序图

图 2-131　增（加）减计数器 CTUD 的工作过程

（3）工作原理

1）增（加）计数端子 CU：只要该端输入发生正跳变，当前值就会加 1，计数器就会计数。

2）减计数端子 CD：只要该端输入发生正跳变，当前值就会减 1，计数器就会计数。

3）不管是当前值增加还是减少，只要当前值大于等于设定值，则计数器位就为 1，其对应的常开触点闭合，常闭触点断开。

4）如果当前值小于设定值，则计数器位就为 0，其对应的常开触点断开，常闭触点闭合。

四、计数器指令的使用说明

1）三种计数器号的范围都是 0 ~ 255。设定值 PV 端的取值范围都是 1 ~ 32 767。

2）可以使用复位 R 指令对加计数器进行复位。

3）减计数器的装载输入端 LD 为 ON 时，计数器位被复位，设定值被装入当前值；对于加计数器与加减计数器，当复位输入 R 为 ON 或执行复位指令时，计数器被复位。

4）对于加减计数器，当前值达到最大值 32 767 时，下一个 CU 的正跳变将使当前值变为最小值 – 32 768，反之亦然。

任务八　立即触点指令和立即输出指令的应用

一、立即触点指令

1. "立即取数"指令 LDI 和"立即取数反"指令 LDNI

（1）"立即取数"指令 LDI 对应的梯形图及语句表

1）LDI 指令对应的梯形图如图 2-132 所示。

该梯形图表示一个逻辑阶梯开始，立即常开触点与左母线相连。X 值为 1 时，表示该触点闭合；X 值为 0 时，表示该触点断开。其中 X 只能是输入映像寄存器 I 的位。I 是 immediate 的缩写，表示"立即"的意思。

2）LDI 指令对应的语句表如图 2-133 所示。

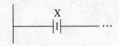

LDI　X

图 2-132　"立即取数"指令　　　　　　　　图 2-133　"立即取数"指令
　　　　LDI 对应的梯形图　　　　　　　　　　　　　LDI 对应的语句表

（2）"立即取数反"指令 LDNI 对应的梯形图及语句表

1）LDNI 指令对应的梯形图如图 2-134 所示。

该梯形图表示一个逻辑阶梯开始，立即常闭触点与左母线相连。X 值为 0 时，表示该触点闭合；X 值为 1 时，表示该触点断开。其中 X 只能是输入映像寄存器 I 的位。I 是 immediate 的缩写，表示"立即"的意思。

2）LDNI 指令对应的语句表如图 2-135 所示。

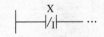

LDNI　X

图 2-134　"立即取数反"指令　　　　　　　图 2-135　"立即取数反"指令
　　　　LDNI 对应的梯形图　　　　　　　　　　　LDNI 对应的语句表

2. "立即与"指令 AI 和"立即与反"指令 ANI

（1）"立即与"指令 AI 对应的梯形图及语句表

1）AI 指令对应的梯形图如图 2-136 所示。

该梯形图表示一个立即常开触点与它前面的触点相串联。所有串联触点都闭合，串联支路才导通。I 是 immediate 的缩写，表示"立即"的意思。

2）AI 指令对应的语句表如图 2-137 所示。

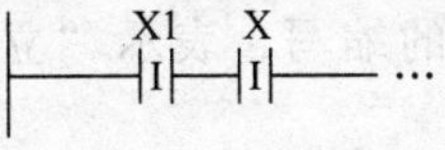

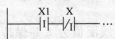

LDI　X1
A　X

图 2-136　"立即与"指令　　　　　　　图 2-137　"立即与"指令
AI 对应的梯形图　　　　　　　　　AI 对应的语句表

（2）"立即与反"指令 ANI 对应的梯形图及语句表

1）ANI 指令对应的梯形图如图 2-138 所示。

该梯形图表示一个立即常闭触点与它前面的触点相串联。所有串联触点都闭合，串联支路才导通。I 是 immediate 的缩写，表示"立即"的意思。

2）ANI 指令对应的语句表如图 2-139 所示。

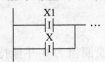

LDI　X1
ANI　X

图 2-138　"立即与反"指令　　　　　　图 2-139　"立即与反"指令
ANI 对应的语句表　　　　　　　　ANI 对应的语句表

3. "立即或"指令 OI 和"立即或反"指令 ONI

（1）"立即或"指令 OI 的梯形图及语句表

1）OI 指令对应的梯形图如图 2-140 所示。

该梯形图表示一个立即常开触点与它上面的触点相并联。并联触点只要有一个或一个以上触点闭合并联支路就通。I 是 immediate 的缩写，表示"立即"的意思。

2）OI 指令对应的语句表如图 2-141 所示。

LD　X1
OI　X

图 2-140　"立即或"指令 OI　　　　　　图 2-141　"立即或"指令
对应的梯形图　　　　　　　　　OI 对应的语句表

（2）"立即或反"指令 ONI 对应的梯形图及语句表

1）ONI 指令对应的梯形图如图 2-142 所示。

该梯形图表示一个立即常闭触点与它上面的触点相并联。并联触点只要有一个或一个以上触点闭合并联支路就通。

2）ONI 指令对应的语句表如图 2-143 所示。

LD　　X1
ONI　　X

图 2-142　"立即或反"指令　　　　　　图 2-143　"立即或反"指令
ONI 对应的梯形图　　　　　　　　ONI 对应的语句表

二、立即输出指令

1. 立即输出指令"=I"

1）立即输出指令"=I"对应的梯形图如图 2-144 所示。

表示一个立即继电器输出线圈，当"能流"到达线圈时，线圈值为 1，有输出即"有电"。其中 X 只能是输出映像寄存器 Q 的位。I 是 immediate 的缩写，表示"立即"的意思。

2）立即输出指令"=I"对应的语句表如图 2-145 所示。

$$\cdots\!\!-\!\!-\!\!\!\overset{X}{(\ I\ )}$$

图 2-144   立即输出指令"=I"
对应的梯形图

=I   X

图 2-145   立即输出指令"=I"
对应的语句表

2. "立即置位"指令 SI

1）"立即置位"指令 SI 对应的梯形图如图 2-146 所示。

表示一个立即继电器输出线圈，当"能流"到达线圈时，线圈值为 1 并保持，有输出即"有电"。其中 X 只能是输出映像寄存器 Q 的位。I 是 immediate 的缩写，表示"立即"的意思。

2）"立即置位"指令 SI 对应的语句表如图 2-147 所示。

$$\cdots\!\!-\!\!-\!\!\!\overset{X}{\underset{N}{(\ SI\ )}}$$

图 2-146   "立即置位"指令
对应的梯形图

SI   X, N

图 2-147   "立即置位"指令
对应的语句表

3. "立即复位"指令 RI

1）"立即复位"指令 RI 对应的梯形图如图 2-148 所示。

表示一个立即继电器输出线圈，当"能流"到达线圈时，线圈值为 0 并保持，没有输出即"无电"。其中 X 只能是输出映像 Q 的位。I 是 immediate 的缩写，表示"立即"的意思。

2）"立即复位"指令 RI 对应的语句表如图 2-149 所示。

$$\cdots\!\!-\!\!-\!\!\!\overset{X}{\underset{N}{(\ RI\ )}}$$

图 2-148   "立即复位"指令
对应的梯形图

RI   X, N

图 2-149   "立即置位"指令
对应的语句表

三、标准触点/标准输出指令操作与立即触点/立即输出指令操作比较

1）标准触点/标准输出指令操作如图 2-150 所示。

2）立即触点/立即输出指令操作如图 2-151 所示。

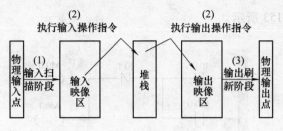

图 2-150　标准触点/标准输出指令操作

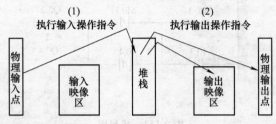

图 2-151　立即触点/立即输出指令操作

四、立即触点指令和立即输出指令使用的几点说明

1）立即触点指令只能用于输入量 I。执行立即输入指令时，立即读入外部输入点的值，根据该值判断触点的通断状态，但并不更新该物理输入点对应的输入映像寄存器。

2）立即输出指令只能用于输出量 Q。执行立即输出指令时，则将结果同时立即写入到物理输出点和相应的输出映像寄存器。

3）立即触点/立即输出指令是直接访问物理输入/输出点的，比一般指令访问输入/输出映像寄存器占用 CPU 时间要长，因而不能盲目地使用立即指令，否则，会加长扫描周期时间，反而对系统造成不利影响。

4）立即触点/立即输出指令常用于对实时控制要求较高的场合。

5）立即置位与立即复位指令的操作数 N 的取值范围为 1 ~ 128。

【例 2-30】　将下列梯形图转换为语句表。

1）梯形图如图 2-152 所示。

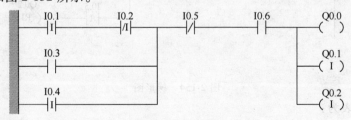

图 2-152　梯形图

对应的语句表为：

LDI	I0.1	A	I0.6
ANI	I0.2	=	Q0.0
O	I0.3	= I	Q0.1
OI	I0.4	= I	Q0.2
AN	I0.5		

2）梯形图如图 2-153 所示。

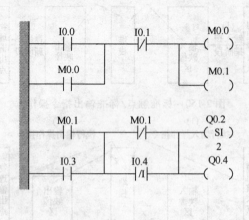

图 2-153　梯形图

对应的语句表为：

LD	I0.0		OI	I0.3
O	M0.0		LDN	M0.1
AN	I0.1		ONI	I0.4
=	M0.0		ALD	
=	M0.1		SI	Q0.2，2
LD	M0.1		=	Q0.4

3）梯形图如图 2-154 所示。

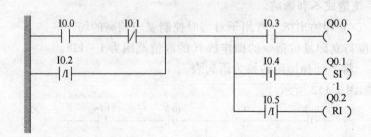

图 2-154　梯形图

对应的语句表为：

LD	I0.0		LRD	
AN	I0.1		AI	I0.4
ONI	I0.2		SI	Q0.1，1
LPS			LPP	
A	I0.3		ANI	I0.5
=	Q0.0		RI	Q0.2，2

4）梯形图如图 2-155 所示。

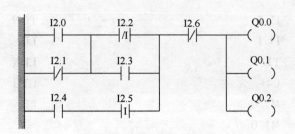

图 2-155　梯形图

对应的语句表为：

LD	I2. 0	AI	I2. 5
ON	I2. 1	OLD	
LDNI	I2. 2	AN	I2. 6
O	I2. 3	=	Q0. 0
ALD		=	Q0. 1
LD	I2. 4	=	Q0. 2

5）梯形图如图 2-156 所示。

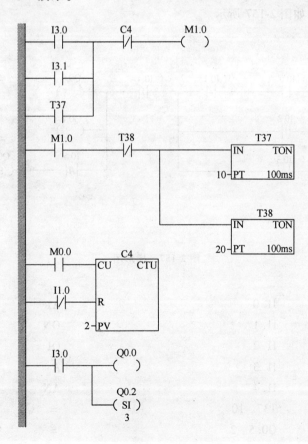

图 2-156　梯形图

87

对应的语句表为：

LD	I3.0		TON	T38，20
O	I3.1		LD	M0.0
O	T37		LDN	I1.0
AN	C4		CTU	C4，2
=	M1.0		LD	I3.0
LD	M1.0		=	Q0.0
AN	T38		SI	Q0.2，3
TON	T37，10			

【例 2-31】 将下列语句表转换为梯形图。

1）语句表：

LD	I0.0		=	Q0.0
AN	I0.1		=	Q0.1
OI	I0.2		ANI	I0.5
ONI	I0.3		SI	Q0.2，1
AI	I0.4			

转换后的梯形图如图 2-157 所示。

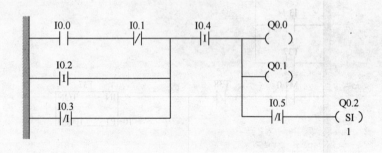

图 2-157　梯形图

2）语句表：

LDNI	I1.0		AI	I1.6
ONI	I1.1		ON	I1.7
AN	I1.2		OI	I2.0
A	I1.3		A	I2.1
O	I1.4		AN	I2.2
TON	T37，10		=	Q1.0
SI	Q0.5，2		=	Q1.1
LD	I1.5			

转换后的梯形图如图 2-158 所示。

88

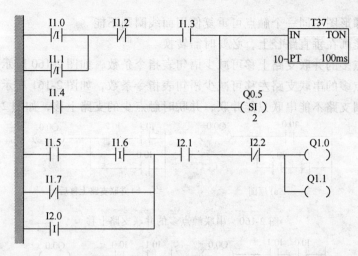

图 2-158　梯形图

3）语句表：

LDI	I2.0	LDN	I3.1
OI	I2.1	ON	I3.2
ONI	I2.2	LD	I3.3
AI	I2.3	O	I3.4
AN	T39	ALD	
AI	I2.4	LDN	I3.5
=	Q1.0	O	I3.6
SI	Q1.1, 2	ALD	
RI	Q1.1, 3	TON	T39, 30

转换后的梯形图如图 2-159 所示。

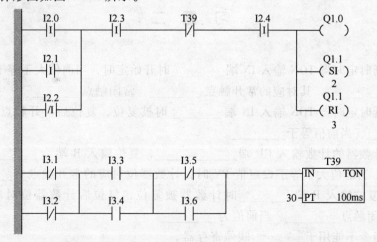

图 2-159　梯形图

五、编写梯形图程序应注意的几个问题

1）梯形图中线圈应放在最右边，线圈不能与左母线直接相连。

89

2）在一个梯形图中同一个触点可重复使用而线圈则不能。

3）触点不能画在垂直路径上，必要时需转换。

4）串联触点多的并联支路上移可减少语句表指令条数，如图 2-160 所示。

5）并联触点多的串联支路左移可减少语句表指令条数，如图 2-161 所示。

6）输出线圈支路不能串联只能并联，并联时触点少的支路上移，如图 2-162 所示。

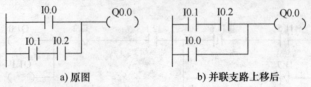

图 2-160　串联触点多的并联支路上移

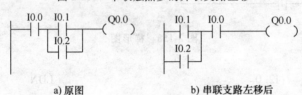

图 2-161　并联触点多的串联支路左移

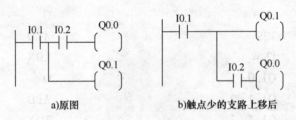

图 2-162　输出线圈并联时触点少的支路上移

习　题　二

1. 填空题

1）接通延时定时器 TON 输入 IN 端_____时开始定时，当前值大于等于设定值 PT 时定时器位变为_____，其对应的常开触点_____，常闭触点_____。

2）接通延时定时器 TON 输入 IN 端_____时被复位，复位后常开触点_____，常闭触点_____，当前值等于_____。

3）若加计数器的计数输入 CU 端_____，复位输入 R 端_____，计数器的当前值加 1。当前值大于等于设定值 PV 时，计数器位对应的常开触点_____，常闭触点_____。复位输入 R 端_____时计数器被复位，复位后计数器位对应的常开触点_____，常闭触点_____。当前值为_____。

4）输出指令不能用于_____映像寄存器。

5）外部的输入电路接通时，对应的输入映像寄存器为_____状态，梯形图程序中对应的常开触点_____，常闭触点_____。

6）若梯形图中输出 Q 的线圈"断电"，对应的输出映像寄存器为_____状态，在输出刷新后，继电器输出模块中对应的硬件继电器的线圈_____，其常开触点_____。

2. 将图 2-163 所示梯形图程序转换为语句表程序。

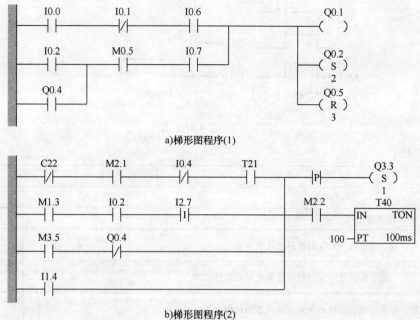

a)梯形图程序(1)

b)梯形图程序(2)

图 2-163 题 2 梯形图程序

3. 写出图 2-164 所示语句表对应的梯形图程序。

a)语句表程序(1)

LD I0.2
AN I0.0
O Q0.3
ON I0.1
LD Q0.2
O M3.7
AN I1.5
OLD
LDN I0.5
A I0.4
ON M0.2
ALD
O I0.4
LPS
EU
= M3.7
LPP
AN M0.0
NOT
S Q0.3, 1

b)语句表程序(2)

LD I0.1
AN I0.0
AN I0.2
LPS
A I0.4
= Q2.1
LRD
A I0.5
= M3.6
LPP
AN M0.0
TON T37, 25

c)语句表程序(3)

LD I0.7
AN I2.7
LD Q0.3
ON I0.1
A M0.1
OLD
LD I0.5
A I0.3
O I0.4
ALD
ON M0.2
NOT
= Q0.4
LD I2.5
LDN M3.5
ED
CTU C41, 30

图 2-164 题 3 语句表程序

4. 根据图 2-165 所示时序图写出对应的梯形图程序。

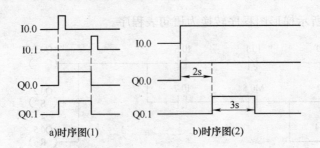

图 2-165　题 4 时序图

【项目考核】

姓名		班级		填表日期	
讲授内容			接受情况		成绩
了解 S7-200 PLC 的内存结构					
掌握取数、与、或、输出指令对应的梯形图及指令表					
掌握用取数、与、或、输出指令编写程序进而对对象进行控制					
掌握触点组与、触点组或、堆栈指令对应的梯形图及指令表					
掌握 S、R 指令对应的梯形图及指令表					
掌握用 S、R 指令编写程序进而对对象进行控制					
掌握正、负跳变、取反指令对应的梯形图及指令表					
掌握用正、负跳变、取反指令编写程序进而对对象进行控制					
掌握定时器的类型					
掌握定时器指令对应的梯形图及指令表					
掌握用 TON 定时器指令编写程序进而对对象进行控制					
掌握计数器的类型					
掌握计数器指令对应的梯形图及指令表					
掌握用 CTU 计数器指令编写程序进而对对象进行控制					
掌握立即触点指令及立即输出对应的梯形图及指令表					
学生对所学内容的自我评价					
老师对学生听课情况的成绩总评					
对本项目教学的建议及意见					

项目三　PLC 数据处理指令编程及应用

【项目目的】

能够熟练运用数据处理指令编写程序，并对如何运用数据处理指令编写程序有自己的思路和方法。

【项目器材及仪器】

PLC 实训设备。

【项目注意事项】

1. 在学习过程中可以采用分组的方式进行讨论学习并以小组为单位进行项目学习内容的总结。

2. 根据实例讲解如何运用数据处理指令编写程序。

3. 项目学习重点应放在实际应用上，即运用数据处理指令编写程序对对象进行控制。

【项目任务】

任务一：数据的传送指令及应用。

任务二：数据的比较指令及应用。

任务三：数据的移位指令及应用。

任务四：算术运算指令及应用。

任务五：其他数据运算指令及应用。

任务六：数据转换指令。

早期的 PLC 多用于机电系统的顺序控制，于是许多人习惯把 PLC 看作是继电器、定时器、计数器的集合，把 PLC 的作用局限地等同于继电-接触器控制系统、顺控器等，应用前面介绍过的位逻辑指令、定时器、计数器等基本指令就可以满足要求。实际上 PLC 是一种工业控制计算机，在生产的实际控制过程中，存在大量的非开关量数据，需要对这些数据进行采集、分析和处理，进而实现生产过程的自动控制，满足用户的一些特殊要求，这就需要用到 PLC 基本的数据处理功能。这些数据处理功能和另一类与子程序、中断、高速计数、位置控制、闭环控制等 PLC 高级应用有关的功能指令共同拓宽了 PLC 的应用范围。

功能指令又称为应用指令，它是应用于复杂控制的指令。功能指令包括数据处理指令、算术/逻辑运算指令和转换指令等。

PLC 的数据处理功能主要包括数据的传送、比较、移位和运算等。

任务一　数据的传送指令及应用

任务要求：应用实训室西门子 S7-200 系列 PLC 设备，按下启动按钮，将 8 盏彩灯同时点亮，按下停止按钮，将 8 盏彩灯同时熄灭。这一任务可以利用置位和复位指令实现，但应用本节将要学习的数据传送指令将更加简单方便。下面先介绍功能指令的基本形式。

一、功能指令的基本形式

在梯形图中，用方框表示某些指令，在 SIMATIC 指令系统中将这些方框称为"盒子"（box），在 IEC61131-3 指令系统中将它们称为"功能块"。功能指令的标题在盒子内上方，比如"SQRT"和"MOV_B"。功能块的输入端均在左边，输出端均在右边（见图 3-1），SQRT 开平方指令和 MOV_B 字节传送指令均有两个输入、两个输出。

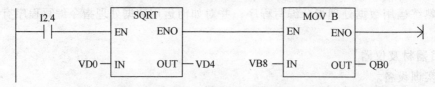

图 3-1　带功能块的梯形图

梯形图基于继电器梯形电气图，在梯形图中，有一条提供"能流"的左侧垂直电源线。图 3-1 所示的 I2.4 的常开触点闭合接通时，来自母线的能流将流到功能块 SQRT（求实数平方根）的使能输入端 EN，EN 端有能流，那么指令被执行。如果执行时无错误，则通过使能输出端 ENO，将能流传递给下一个元件。

将 ENO 作为下一个功能块的 EN 输入，可以将几个功能块串联在一行中，只有前一个功能块被正确执行，后面的功能块才能被执行，因此 EN 和 ENO 的操作数均为能流，其数据类型为 BOOL（布尔型）。

在 STEP7 编程软件的 RUN 模式，用程序状态监控功能监视程序的运行情况，令 SQRT 的输入量 VD0 的值为负数，当 I2.4 为 ON 时，可以看到有能流流入 SQRT 指令的 EN 输入端。但是因为被开方数是负数，指令执行失败，SQRT 指令框变为红色，没有能流从它的 ENO 端流出，故下个指令盒 MOV_B 无法被执行。

图 3-1 所示程序使用梯形图（LAD）表示，当程序用语句表（STL）书写时：

```
LD    I2.4
SQRT  VD0，VD4
AENO
MOVB  VB8，QB0
```

可见表示 SQRT 指令和 MOV_B 指令相串联，需要用 AENO 语句。如将 AENO 语句去掉，SQRT 和 MOV_B 所对应的两个功能块将变为并联。

注意：不同的 CPU 型号，可以采用的功能指令是不同的。若无特殊说明，本章中功能指令的说明对 CPU212 ~ 216 均适用。

二、数据传送指令

数据传送指令实现将输入数据 IN（常数或某存储器中的数据）传送到 OUT（某存储器）中，传送的过程不改变数据的原值。

（1）字节传送指令（见表 3-1）

（2）字传送指令（见表 3-2）

（3）双字传送指令（见表 3-3）

表3-1 字节传送指令

梯形图: 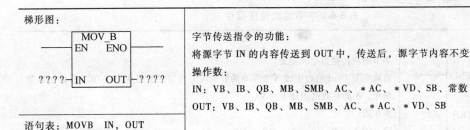	字节传送指令的功能: 将源字节 IN 的内容传送到 OUT 中,传送后,源字节内容不变 操作数: IN:VB、IB、QB、MB、SMB、AC、＊AC、＊VD、SB、常数 OUT:VB、IB、QB、MB、SMB、AC、＊AC、＊VD、SB
语句表:MOVB IN, OUT	

表3-2 字传送指令

梯形图: 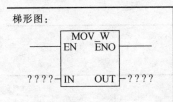	字传送指令的功能: 将源字 IN 的内容传送到 OUT 中,传送后,源字内容不变 操作数: IN:VW、T、C、IW、QW、MW、SMW、AC、AIW、常数、＊AC、＊VD、SW OUT:VW、T、C、IW、QW、MW、SMW、AC、AIW、＊AC、＊VD、SW
语句表:MOVW IN, OUT	

表3-3 双字传送指令

梯形图: 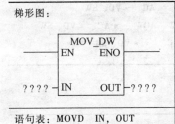	双字传送指令的功能: 将源双字 IN 的内容传送到 OUT 中,传送后,源双字内容不变 操作数: IN:VD、ID、QD、SMD、AC、HC、常数、＊AC、＊VD、&VB、&HB、&IB、&QB、&MB、&T、&C、SD OUT:VW、T、C、IW、QW、MW、SMW、AC、AIW、＊AC、＊VD、SW
语句表:MOVD IN, OUT	

(4)实数传送指令(见表3-4)

表3-4 实数传送指令

梯形图: 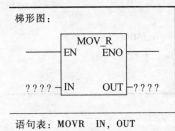	实数传送指令的功能: 将源双字 IN 中的 32bit 实数传送到指定的目标双字(OUT)中,传送后,源双字内容不变 操作数: IN:VD、ID、QD、MD、SMD、AC、＊AC、＊VD、SD、常数、HC OUT:VD、ID、QD、MD、SMD、AC、＊AC、＊VD、SD
语句表:MOVR IN, OUT	CPU212无实数型数据操作指令

(5)字节交换指令(见表3-5)

表3-5 字节交换指令

梯形图: 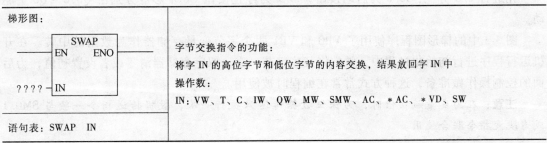	字节交换指令的功能: 将字 IN 的高位字节和低位字节的内容交换,结果放回字 IN 中 操作数: IN:VW、T、C、IW、QW、MW、SMW、AC、＊AC、＊VD、SW
语句表:SWAP IN	

（6）字节的块传送指令（见表 3-6）

表 3-6　字节的块传送指令

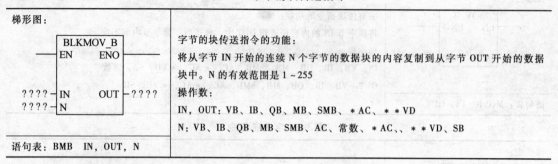

梯形图：	字节的块传送指令的功能：
	将从字节 IN 开始的连续 N 个字节的数据块的内容复制到从字节 OUT 开始的数据块中。N 的有效范围是 1～255
	操作数：
	IN, OUT: VB、IB、QB、MB、SMB、*AC、**VD
	N: VB、IB、QB、MB、SMB、AC、常数、*AC、、**VD、SB
语句表：BMB IN, OUT, N	

（7）字的块传送指令（见表 3-7）

表 3-7　字的块传送指令

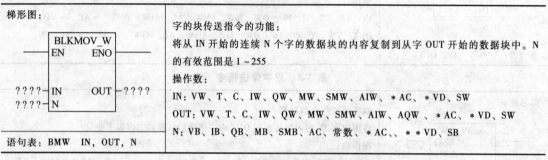

梯形图：	字的块传送指令的功能：
	将从 IN 开始的连续 N 个字的数据块的内容复制到从字 OUT 开始的数据块中。N 的有效范围是 1～255
	操作数：
	IN: VW、T、C、IW、QW、MW、SMW、AIW、*AC、*VD、SW
	OUT: VW、T、C、IW、QW、MW、SMW、AIW、AQW、*AC、*VD、SW
	N: VB、IB、QB、MB、SMB、AC、常数、*AC、、**VD、SB
语句表：BMW IN, OUT, N	

（8）双字的块传送指令（见表 3-8）

表 3-8　双字的块传送指令

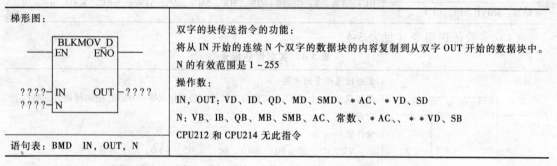

梯形图：	双字的块传送指令的功能：
	将从 IN 开始的连续 N 个双字的数据块的内容复制到从双字 OUT 开始的数据块中。N 的有效范围是 1～255
	操作数：
	IN, OUT: VD、ID、QD、MD、SMD、*AC、*VD、SD
	N: VB、IB、QB、MB、SMB、AC、常数、*AC、、**VD、SB
	CPU212 和 CPU214 无此指令
语句表：BMD IN, OUT, N	

三、任务实现

对于开始提出的任务要求，可以通过图 3-2 或图 3-3 所示的梯形图程序来实现。

先进行 I/O 分配：I0.0 为启动按钮，I0.1 为停止按钮，8 个彩灯分别由 Q0.0～Q0.7 驱动。

图 3-3 中的梯形图程序使用了 VB0 和 VB1 两个字节变量存储器作为数据的中转。在开机运行程序进行初始化过程中，常常将某些字节、字、双字存储器清零或者设置初值，为后面的控制操作做准备，这种方式常常在编程时被使用。

注意：在为变量赋初值时，为保证数据传送只执行一次，数据传送指令一般与 SM0.1 或者跳变指令联合使用。

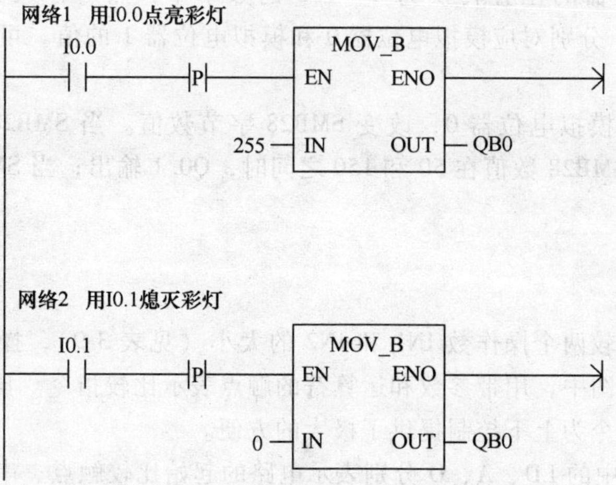

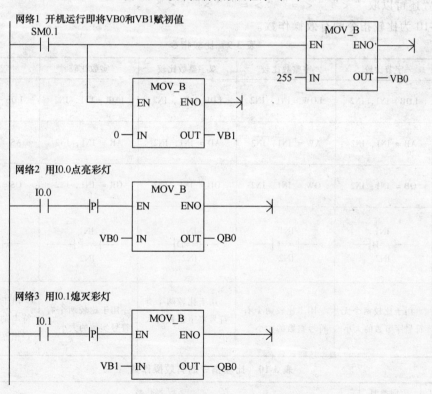

图3-2　彩灯控制梯形图程序（一）

图3-3　彩灯控制梯形图程序（二）

任务二　数据的比较指令及应用

在实际的控制过程中，可能需要对两个操作数进行比较，比较条件成立时完成某种操作，从而实现某种控制。

S7-200系列PLC中CPU221和CPU222有一个模拟电位器，其他型号的PLC有两个模拟

97

电位器。CPU 将电位器的位置转换为 0 ~ 255 的数字量，然后存入两个特殊存储器字节 SMB28 和 SMB29 中，分别对应模拟电位器 0 和模拟电位器 1 的值。可以用螺钉旋具来调整电位器的位置。

任务要求：调整模拟电位器 0，改变 SMB28 字节数值。当 SMB28 数值小于或等于 50 时，Q0.0 输出；当 SMB28 数值在 50 和 150 之间时，Q0.1 输出；当 SMB28 数值大于或等于 150 时，Q0.2 输出。

一、比较指令

比较指令用来比较两个操作数 IN1 和 IN2 的大小（见表 3-9），操作数可以是整数，也可以是实数。在梯形图中，用带参数和运算符的触点表示比较指令。比较触点可以装入，也可以串并联。比较指令为上下控制提供了极大的方便。

表 3-9 所示指令中的 LD、A、O 分别表示电路的起始比较触点、串联比较触点和并联比较触点。梯形图中的 B、I、D、R、S 分别表示字节、字、双字、实数和字符串。指令中的 "=" 位置还可以取 "<" "<=" ">=" ">" "<>"。

表 3-10 为比较指令的有效操作数。

表 3-9 比较指令

触点类型	字节比较	字整数比较	双字整数比较	实数比较	字符串比较
装载比较触点	LDB = IN1，IN2	LDW = IN1，IN2	LDD = IN1，IN2	LDR = IN1，IN2	LDS = IN1，IN2
串联比较触点	AB = IN1，IN2	AW = IN1，IN2	AD = IN1，IN2	AR = IN1，IN2	AS = IN1，IN2
并联比较触点	OB = IN1，IN2	OW = IN1，IN2	OD = IN1，IN2	OR = IN1，IN2	OS = IN1，IN2
梯形图程序	IN1 —| = =B |— IN2	IN1 —| = =I |— IN2	IN1 —| = =D |— IN2	IN1 —| = =R |— IN2	IN1 —| = =S |— IN2
指令功能	用于比较两个无符号字节数的大小	用于比较两个有符号整数的大小	用于比较两个有符号双字整数的大小	用于比较两个有符号实数的大小	用于比较两个字符串的 ASCII 码是否相等

表 3-10 比较指令的有效操作数

输入/输出	数据类型	操作数
IN1，IN2	BYTE	VB、IB、QB、MB、SMB、SB、LB、AC、*VD、*LD、*AC、常数
	INT	IW、QW、VW、MW、SMW、SW、LW、T、C、AC、AIW、*VD、*LD、*AC、常数
	DINT	ID、QD、VD、MD、SMD、SD、LD、AC、HC、*VD、*LD、*AC、常数
	REAL	ID、QD、VD、MD、SMD、SD、LD、AC、*VD、*LD、*AC、常数
OUT	BOOL	I、Q、V、M、SM、S、T、C、L、能流

二、指令应用

对于本任务要求可由图 3-4 所示梯形图实现。

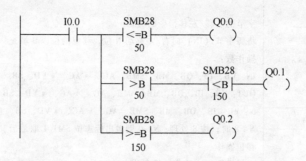

图 3-4 数值比较梯形图程序

思考：如果 I0.0 外部接非自锁按钮，上述程序能否实现相应功能？该如何进行改变？

任务三 数据的移位指令及应用

任务要求：设计喷泉控制器。要求是：按下启动按钮，1 号灯到 8 号灯按照从下到上的顺序以 1s 的速度依次点亮，到达最顶端后，再从 1 号灯到 8 号灯依次点亮，如此循环：按下停止按钮后，喷泉循环停止。喷泉模拟控制如图 3-5 所示。

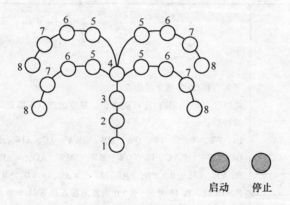

图 3-5 喷泉模拟控制

思考：用前面的指令能不能实现上述控制目的？实现的过程中有没有遇到问题？在学习数据移位指令知识后，你会发现，完成这个任务有更简捷的方法。

移位指令的作用是将存储器中的数据按照要求进行移位，在控制系统中可以作为数据的处理、跟踪、步进控制等。

一、移位指令

（1）字节的右移/左移指令（见表 3-11）

表 3-11　字节的右移/左移指令

字节右移梯形图：

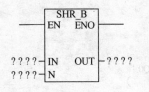

字节右移语句表：SRB　IN，N

字节左移梯形图：

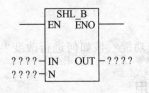

字节左移语句表：SLB　IN，N

字节的右移/左移指令的功能：

将源字节（IN）向右/左移动 N 位，移空的位以 0 填充

操作数：

IN：VB、IB、QB、MB、SMB、AC、﹡AC、﹡VD、SB

OUT：VB、IB、QB、MB、SMB、AC、﹡AC、﹡VD、SB

N：VB、IB、QB、MB、SMB、AC、﹡AC、﹡VD、SB、常数

N≥8 时，按 8 处理；N＞0 则溢出标志位 SM1.1 取最后移出位的值；N＝0 则不作移位操作

在梯形图中，移位结果存放在 OUT 中

在指令表中，移位结果存放在 IN 中

在梯形图中，可以设定 OUT 和 IN 指向同一内存单元，这样可以节省内存

执行结果对特殊标志位的影响：SM1.0（0），SM1.1（溢出）

CPU212 和 CPU214 无此指令

（2）字的右移/左移指令（见表 3-12）

表 3-12　字的右移/左移指令

字右移梯形图：

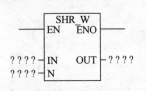

字右移语句表：SRW　IN，N

字左移梯形图：

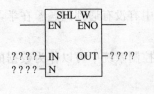

字左移语句表：SLW　IN，N

字的右移/左移指令的功能：

将源字（IN）向右/左移动 N 位，移空的位以 0 填充

操作数：

IN：VW、T、C、IW、QW、MW、SMW、AC、AIW、常数、﹡AC、﹡VD、SW

OUT：VW、T、C、IW、QW、MW、SMW、AC、﹡AC、﹡VD、SW

N：VB、IB、QB、MB、SMB、AC、﹡AC、﹡VD、SB、常数

N≥16 时，按 16 处理；N＞0 则溢出标志位 SM1.1 取最后移出位的值；N＝0 则不作移位操作

在梯形图中，移位结果存放在 OUT 中

在指令表中，IN 的操作数与 OUT 同，移位结果存放在 IN 中

在梯形图中，可以设定 OUT 和 IN 指向同一内存单元，这样可以节省内存

执行结果对特殊标志位的影响：SM1.0（0），SM1.1（溢出）

（3）双字的右移/左移指令（见表 3-13）

表 3-13 双字的右移/左移指令

双字右移梯形图： 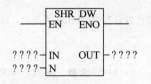 SHR_DW EN ENO ???? — IN OUT — ???? ???? — N 双字右移语句表：SRDW IN，N 双字左移梯形图： 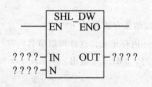 SHL_DW EN ENO ???? — IN OUT — ???? ???? — N 双字左移语句表：SLDW IN，N	双字的右移/左移指令把源双字（IN）向右/左移动 N 位，移空的位以 0 填充 操作数： IN：VD、ID、QD、MD、SMD、AC、HC、常数、＊AC、＊VD、SD OUT：VD、ID、QD、MD、SMD、AC、＊AC、＊VD、SD N：VB、IB、QB、MB、SMB、AC、＊AC、＊VD、SB、常数 N≥32 时，按 32 处理；N＞0 则溢出标志位 SM1.1 取最后移出位的值；N＝0 则不作移位操作 在梯形图中，移位结果存放在 OUT 中 在指令表中，IN 的操作数与 OUT 同，移位结果存放在 IN 中 在梯形图中，可以设定 OUT 和 IN 指向同一内存单元，这样可以节省内存 执行结果对特殊标志位的影响：SM1.0（0），SM1.1（溢出）

（4）字节的循环右移/左移指令（见表 3-14）

表 3-14 字节的循环右移/左移指令

字节循环右移梯形图： 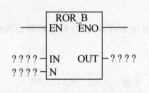 ROR_B EN ENO ???? — IN OUT — ???? ???? — N 字节循环右移语句表：RRB IN，N 字节循环左移梯形图： 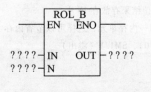 ROL_B EN ENO ???? — IN OUT — ???? ???? — N 字节循环左移语句表：RLB IN，N	字节的循环右移/左移指令把源字节 IN 指定的内容向右/左循环移动 N 位，结果存入 OUT 指定的目标字节中 操作数： IN：VB、IB、QB、MB、SMB、AC、＊AC、＊VD、SB OUT：VB、IB、QB、MB、SMB、AC、＊AC、＊VD、SB N：VB、IB、QB、MB、SMB、AC、＊AC、＊VD、SB、常数 N≥8，则先除以 8，以余数作移位次数；N＝0 则不作移位操作；最后移出的内容送到 SM1.1 在梯形图中，移位结果存放在 OUT 中 在指令表中，移位结果存放在 IN 中 在梯形图中，可以设定 OUT 和 IN 指向同一内存单元，这样可以节省内存 执行结果对特殊标志位的影响：SM1.0（0），SM1.1（溢出） CPU212 和 CPU214 无此指令

（5）字的循环右移/左移指令（见表 3-15）

表 3-15 字的循环右移/左移指令

字循环右移梯形图：	字的循环右移/左移指令把源字 IN 指定的内容向右/左循环移动 N 位，结果存入 OUT 指定的目标字节中

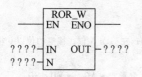

字的循环右移/左移指令把源字 IN 指定的内容向右/左循环移动 N 位，结果存入 OUT 指定的目标字节中

操作数：

IN：VW、T、C、IW、QW、MW、SMW、AC、AIW、常数、*AC、*VD、SW

OUT：VW、T、C、IW、QW、MW、SMW、AC、*AC、*VD、SW

字循环右移语句表：RRW IN，N

N：VB、IB、QB、MB、SMB、AC、*AC、*VD、SB、常数

字循环左移梯形图：

N≥16，则先除以 16，以余数作移位次数；N＝0 则不作移位操作；最后移出的内容送到 SM1.1

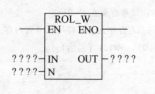

在梯形图中，移位结果存放在 OUT 中

在指令表中，IN 的操作数与 OUT 同，移位结果存放在 IN 中

在梯形图中，可以设定 OUT 和 IN 指向同一内存单元，这样可以节省内存

执行结果对特殊标志位的影响：SM1.0（0），SM1.1（溢出）

字循环左移语句表：RLW IN，N

（6）双字的循环右移/左移指令（见表 3-16）

表 3-16 双字的循环右移/左移指令

双字循环右移梯形图：	

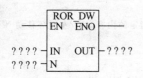

双字的循环右移/左移指令把源双字 IN 指定的内容向右/左循环移动 N 位，结果存入 OUT 指定的目标字节中

操作数：

IN：VD、ID、QD、MD、SMD、AC、HC、常数、*AC、*VD、SD

OUT：VD、ID、QD、MD、SMD、AC、*AC、*VD、SD

双字循环右移语句表：RRD IN，N

N：VB、IB、QB、MB、SMB、AC、*AC、*VD、SB、常数

双字循环左移梯形图：

N≥32，则先除以 32，以余数作移位次数；N＝0 则不作移位操作；最后移出的内容送到 SM1.1

在梯形图中，移位结果存放在 OUT 中

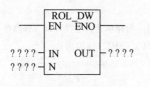

在指令表中，IN 的操作数与 OUT 同，移位结果存放在 IN 中

在梯形图中，可以设定 OUT 和 IN 指向同一内存单元，这样可以节省内存

执行结果对特殊标志位的影响：SM1.0（0），SM1.1（溢出）

双字循环左移语句表：RLD IN，N

（7）移位寄存器指令（见表 3-17）

表 3-17　移位寄存器指令

移位寄存器梯形图：	移位寄存器指令 SHRB：用户通过 S_BIT 和 N 定义自己的移位寄存器。S_BIT 指定移位寄存器的起始位，N 指定移位寄存器的长度和移位方向（N>0 时，左移；N<0 时，右移） 该指令的作用是将 DATA 的值（位型）移入移位寄存器，S_BIT 指定移入移位寄存器的最低位 操作数： DATA，S_BIT：I、Q、M、SM、T、C、V N：VB、IB、QB、MB、SMB、AC、＊AC、＊VD、SB、常数 指令解释：本指令为顺序控制及数据控制提供了一个简单的方法。若执行条件 EN 成立，则每个扫描周期整个移位寄存器移一位
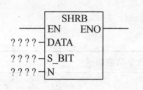	
移位寄存器语句表：SHRB　DATA、S_BIT，N	

二、指令应用

喷泉模拟控制的梯形图控制程序如图 3-6 所示。

分析：8 个彩灯分别接 Q0.0 ~ Q0.7，可以用字节的循环移位指令进行循环移位控制。置彩灯的初始状态 QB0 为 1 则 1 号等先亮，接着灯从下到上以 1s 的速度依次点亮，即要求字节 QB0 中的 1 以每 1s 循环左移动 1 位，因此，需要在循环左移位指令的使能 EN 端接一个 1s 的移位脉冲。

思考：

1）如果要求用移位寄存器指令实现控制要求，梯形图如何编写？

2）如果要求 8 个灯，每 2 个为一组以 1s 的速度从下到上依次点亮并循环，该如何修改程序？如果有 16 个灯，要求以 1s 的速度依次点亮并循环，又该如何修改程序？

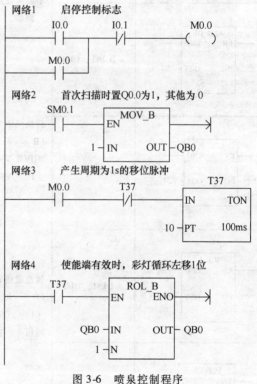

图 3-6　喷泉控制程序

任务四　算术运算指令及应用

任务要求：在模拟量数据采集中，为了防止干扰，经常通过程序进行数据滤波，其中一种方法为平均值滤波法。现要求连续采集 5 次作平均，并以其值作为采集数。这 5 个数通过 5 个周期进行采集。请设计该滤波程序。

数据运算指令主要实现数据的加、减、乘、除四则运算（算术运算）和常用的函数变换及数据的与、或、非等逻辑运算，常常用于实现按数据的运算结果进行控制的场合，比如自动配料系统、模拟量的标准化处理、自动修改指针等。本任务主要介绍算术运算。

一、算术运算指令

（1）加减运算指令格式及功能（见表3-18）

表3-18 加减运算指令

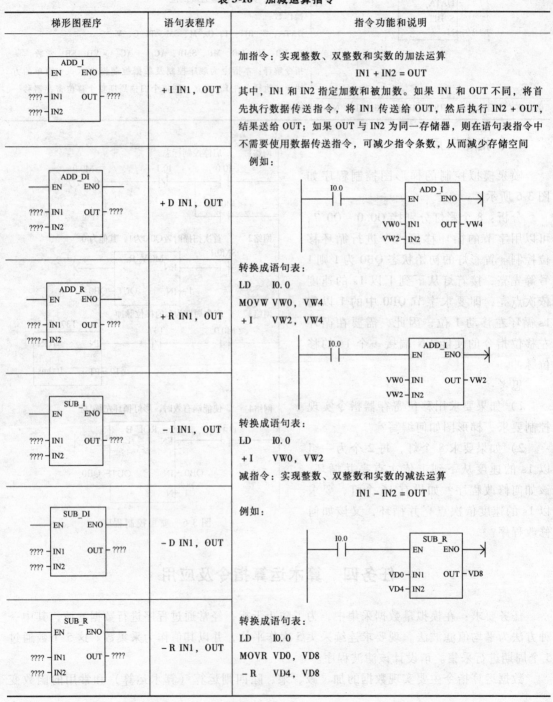

说明如下：

1）IN1、IN2指定加数（或减数）及被加数（或减数）。如果OUT与IN2为同一存储器，则在语句表中不需要使用数据传送指令，可减少指令条数，从而减少存储空间。

2）该指令影响特殊内部存储器位SM1.0（零）、SM1.1（溢出）、SM1.2（负）等标识位。

3）操作数的寻址范围要与指令码一致。OUT不能寻址常数。

（2）乘除运算指令格式及功能（见表3-19）

表3-19 乘除运算指令

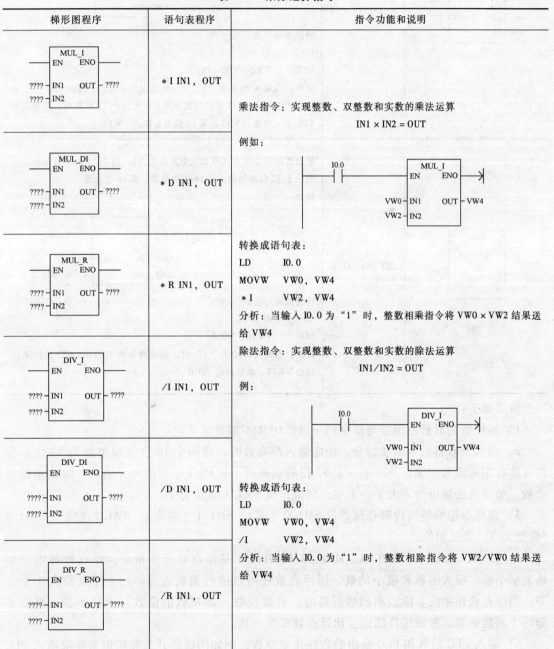

梯形图程序	语句表程序	指令功能和说明
MUL_I EN ENO ???? IN1 OUT ???? ???? IN2	*I IN1, OUT	乘法指令：实现整数、双整数和实数的乘法运算 $$IN1 \times IN2 = OUT$$ 例如：
MUL_DI EN ENO ???? IN1 OUT ???? ???? IN2	*D IN1, OUT	转换成语句表： LD I0.0 MOVW VW0, VW4 *I VW2, VW4
MUL_R EN ENO ???? IN1 OUT ???? ???? IN2	*R IN1, OUT	分析：当输入I0.0为"1"时，整数相乘指令将VW0×VW2结果送给VW4
DIV_I EN ENO ???? IN1 OUT ???? ???? IN2	/I IN1, OUT	除法指令：实现整数、双整数和实数的除法运算 $$IN1/IN2 = OUT$$ 例：
DIV_DI EN ENO ???? IN1 OUT ???? ???? IN2	/D IN1, OUT	转换成语句表： LD I0.0 MOVW VW0, VW4 /I VW2, VW4
DIV_R EN ENO ???? IN1 OUT ???? ???? IN2	/R IN1, OUT	分析：当输入I0.0为"1"时，整数相除指令将VW2/VW0结果送给VW4

（续）

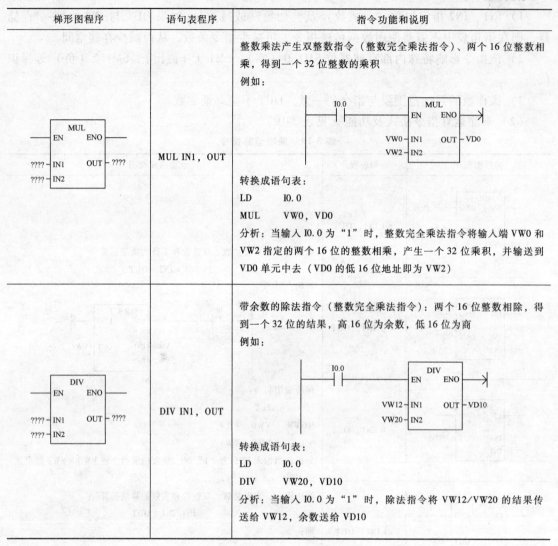

梯形图程序	语句表程序	指令功能和说明
	MUL IN1，OUT	整数乘法产生双整数指令（整数完全乘法指令）、两个 16 位整数相乘，得到一个 32 位整数的乘积 例如： 转换成语句表： LD I0.0 MUL VW0，VD0 分析：当输入 I0.0 为"1"时，整数完全乘法指令将输入端 VW0 和 VW2 指定的两个 16 位的整数相乘，产生一个 32 位乘积，并输送到 VD0 单元中去（VD0 的低 16 位地址即为 VW2）
	DIV IN1，OUT	带余数的除法指令（整数完全乘法指令）：两个 16 位整数相除，得到一个 32 位的结果，高 16 位为余数，低 16 位为商 例如： 转换成语句表： LD I0.0 DIV VW20，VD10 分析：当输入 I0.0 为"1"时，除法指令将 VW12/VW20 的结果传送给 VW12，余数送给 VD10

说明如下：

1）操作数的寻址范围要与指令码一致。OUT 不能寻址常数。

2）整数及双整数乘除法指令，使能输入端有效时，将两个 16 位（双整数为 32 位）有符号整数相乘或者相除，并产生一个 32 位的积或商，从 OUT 指定的单元输出。除法不保留余数。如果乘法输出结果大于一个字，则溢出位 SM1.1 置位为 1。

3）该指令影响特殊内部存储器位 SM1.0（零）、SM1.1（溢出）、SM1.2（负）、SM1.3（除数为 0）等标识位。

4）其中，ADD_R、SUB_R、MUL_R 和 DIV_R 是浮点数运算指令，浮点数可以方便地表示小数、很大的数和很小的数，用浮点数还可以进行函数运算。一个浮点数占 4 个字节。用浮点数作乘法、除法和函数运算时，有效位数（即尾数的位数）保持不变。整数不能用于函数运算，整数运算的速度比浮点数要快一些。

5）输入 PLC 的数和 PLC 输出的数往往是整数，例如用拨码开关和模拟量模块输入 PLC

的数是整数，PLC 输出给七段数码显示器和模拟量输出模块的数也是整数。在进行浮点数运算之前，需要将整数转换为浮点数。在 PLC 输出数据之前，需要将浮点数转换为整数。

二、指令应用

本任务要求中的数字滤波程序可用图 3-7 所示梯形图程序实现。

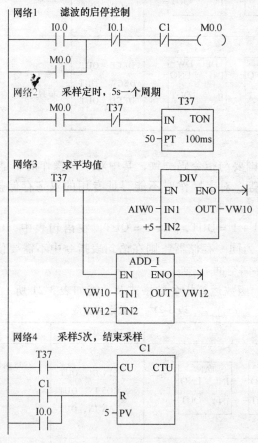

图 3-7　模拟量滤波梯形图程序

任务五　其他数据运算指令及应用

任务要求：使用 S7-200 检测边沿指令（正、负跳变指令）来检测简单信号的变化。在这个过程中，用上升和下降沿来区分信号边沿，上升沿指信号由"0"变为"1"，下降沿指信号由"1"变为"0"。逻辑"1"表示输入上有电压，"0"表示输入上无电压。程序用 2 个存储字分别累计输入 I0.0 上升沿数目，以及输入 I0.1 下降沿数目。

本任务主要介绍加 1、减 1 运算指令、函数运算指令和逻辑运算指令。

一、加 1、减 1 运算指令、函数运算指令和逻辑运算指令

（1）加 1、减 1 运算指令　加 1、减 1 运算指令用于对输入无符号数字节、有符号字、有符号数双字进行加 1 或减 1 的操作，见表 3-20。

表 3-20　加 1、减 1 指令

梯形图程序	语句表程序	指令功能
INC_B　INC_W　INC_DW （IN ENO / IN OUT）	INCB OUT INCW OUT INCD OUT	加 1 指令：实现字节、整数和双整数的加 1 运算
DEC_B　DEC_W　DEC_DW （IN ENO / IN OUT）	DECB OUT DECW OUT DECD OUT	减 1 指令：实现字节、整数和双整数减加 1 运算

说明：

1）操作数的寻址范围要与指令码一致，其中对字节操作时不能寻址专用的字及双字存储器，例如 T、C 及 HC 等；对字操作时不能寻址专用的双字存储器 HC；OUT 不能寻址常数。

2）在梯形图中，IN1 + 1 = OUT，IN1-1 = OUT；在语句表中，OUT + 1 = OUT，OUT − 1 = OUT。如果 OUT 与 IN 为同一存储器，则在语句表指令中不需要使用数据传送指令，可减少指令条数，从而减少存储空间。

（2）函数运算指令　函数运算指令的格式及功能如表 3-21 所示。

表 3-21　函数运算指令

梯形图程序	语句表程序	指令功能
SIN　COS　TAN （IN ENO / IN OUT）	SIN IN, OUT COS IN, OUT TAN IN, OUT	三角函数指令： $SIN(IN) = OUT$ $COS(IN) = OUT$ $TAN(IN) = OUT$
LN　EXP （IN ENO / IN OUT）	LN IN, OUT EXP IN, OUT	自然对数指令： $LN(IN) = OUT$ 自然指数指令： $EXP(IN) = OUT$
SQRT （IN ENO / IN OUT）	SQRT IN, OUT	平方根指令： $SQRT(IN) = OUT$

说明：

1）IN 和 OUT 按双字寻址，不能寻址专用的字及双字存储器 T、C、HC 等，OUT 不能寻址常数。

2）三角函数指令 SIN、COS、TAN 计算角度输入值的三角函数，输入以弧度（rad）为单位。

3）自然对数指令 LN 和自然指数指令 EXP 配合，可以实现任意实数为底，任意实数为指数（包括分数指数）的运算。

（3）逻辑运算指令 逻辑运算指令是对无符号数据进行的逻辑处理，主要包括逻辑"与"、逻辑"或"、逻辑"异或"及逻辑取反等操作，可用于存储器的清零、设置标识等，见表 3-22。

表 3-22 逻辑运算指令

梯形图程序			语句表程序	指令功能
WAND_B EN ENO IN1 OUT IN2	WAND_W EN ENO IN1 OUT IN2	WAND_DW EN ENO IN1 OUT IN2	ANDB IN1，OUT ANDW IN1，OUT ANDD IN1，OUT	"与"运算指令：实现字节、字、双字的与运算
WOR_B EN ENO IN1 OUT IN2	WOR_W EN ENO IN1 OUT IN2	WOR_DW EN ENO IN1 OUT IN2	ORB IN1，OUT ORW IN1，OUT ORD IN1，OUT	"或"运算指令：实现字节、字、双字的或运算
WXOR_B EN ENO IN1 OUT IN2	WXOR_W EN ENO IN1 OUT IN2	WXOR_DW EN ENO IN1 OUT IN2	XORB IN1，OUT XORW IN1，OUT XORD IN1，OUT	"异或"运算指令：实现字节、字、双字的异或运算
INV_B EN ENO IN1 OUT	INV_W EN ENO IN1 OUT	INV_DW EN ENO IN1 OUT	INVB IN1，OUT INVW IN1，OUT INVD IN1，OUT	"取反"运算指令：实现字节、字、双字的按位取反运算

说明：

1）可以用于将字或字节的某位清零。例如：下列指令实现的功能是将十六进制常数 16#F0（即二进制常数 2#11110000）与 VB2 中的各位相"与"，因为 16#F0 的低四位为 0，所以运算结束后 VB2 的低四位被清零，高四位不变。语句表程序：

```
LD      I0.0
MOVB    16#F0，VB1
ANDB    VB1，VB2
```

2）可以用于将字或字节中的某些位置为 1。例如：读下列指令判断其功能。

```
LD      I0.1
MOVB    16#09，VB3
ORB     VB3，VB4
```

变量 VB4 中各位与十六进制常数 16#09（即二进制常数 2#00001001）相"或"，因为 16

#09 的第 3 位和第 0 位为 1，不论 VB4 这两位是 0 还是 1，运算结束后 VB4 的这两位都被置 1，其余位则不变。

3）可以用来判断哪些位发生了变化。两个相同的字节异或运算后运算结果的各位均为 0。

思考：图 3-8 所示程序能够说明 2 次采集的 8 位数字量的状态是否发生了变化，请分析一下为什么能说明这个变化？

二、指令应用

检测输入信号的边沿的梯形图如图 3-9 所示。

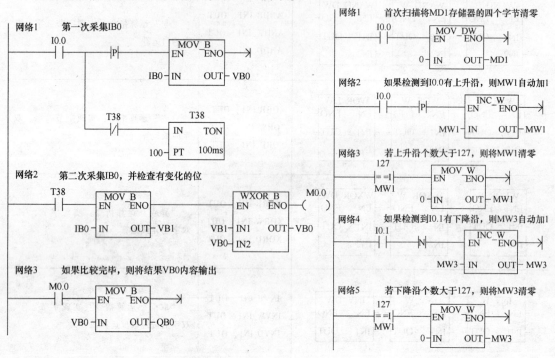

图 3-8　数字量采集程序　　　　图 3-9　边沿检测梯形图程序

任务六　转换指令及应用

任务要求：在实际的控制过程中，经常要对不同类型的数据进行运算。数据运算指令要求参与运算的数值必须为同一类型。为了实现数据运算时的匹配，要对数据进行格式的转换。若将 VW10 中的整数 100 和 VD100 中的实数 120.5 相加，如何操作？

转换指令的作用是对数据格式进行转换，它包括字节数与整数的相互转换、整数与双字整数的相互转换、双字整数转换成实数、BCD 码与整数的相互转换、ASCII 码与十六进制数的相互转换以及编码、译码、段译码等操作。它们主要用于数据处理时的数据匹配及数据显示。

一、转换指令

（1）数据转换指令（见表3-23）

表 3-23　数据转换指令

梯形图程序	语句表程序	指令功能
EN I_B ENO / IN OUT　　EN B_I ENO / IN OUT	ITB IN, OUT BTI IN, OUT	整数转换成字节数 字节数转换成整数
EN I_DI ENO / IN OUT　　EN DI_I ENO / IN OUT	ITD IN, OUT DTI IN, OUT	整数转换成双整数 双整数转换成整数
EN DI_R ENO / IN OUT	DTR IN, OUT	双整数转换成实数
EN I_BCD ENO / IN OUT　　EN BCD_I ENO / IN OUT	IBCD IN, OUT BCDI IN, OUT	整数转换成 BCD 码 BCD 码转换成整数
EN ROUND ENO / IN OUT　　EN TRUNC ENO / IN OUT	ROUND IN, OUT TRUNC IN, OUT	实数四舍五入为双整数 实数取整为双整数
EN ATH ENO / IN OUT / LEN　　EN HTA ENO / IN OUT / LEN	ATH IN, OUT HTA IN, OUT	ATH 指令把从 IN 开始、长度为 LEN 的 ASCII 码字符串转换成十六进制数，存放在从 OUT 开始的单元 HTA 指令把从 IN 开始、长度为 LEN 的十六进制数转换成 ASCII 码，存放在从 OUT 开始的单元

说明：

1）操作数不能寻址一些专用的字及双字存储器，如 T、C、HC 等。OUT 不能寻址常数。

2）ATH 指令和 HTA 指令各操作数按字节寻址，不能对一些专用字及双字存储器，如 T、C、HC 等寻址，LEN 可寻址常数。

3）使用 ATH 指令时，最多可转换 255 个 ASCII 码；在 HTA 指令中，可转换的十六进制数的最大个数也为 255。合法的 ASCII 字符的十六进制数值为 30～39 和 41～46。每个 ASCII 码占一个字节，转换后得到的十六进制数占半个字节。

4）整数转换成双整数时，有符号的符号位被扩展到高字。字节是无符号的，转换成整数时没有扩展符号位的问题。

5）BCD 码的运行范围为 0～9999，如果转换后的数超出输出的允许范围，溢出标志 SM1.1 将被置为 1。

6）指令 ROUND 将 IN 端实数四舍五入后转换成双整数，即如果小数部分大于等于 0.5，整数部分加 1。指令 TRUNC 将 32 位实数（IN）转换成 32 位带符号整数，小数部分被舍弃。如果转换后的数超出双整数的允许范围，溢出标志 SM1.1 被置位 1。

（2）段译码、编码、译码指令（见表 3-24）

表 3-24　段译码、编码、译码转换指令

梯形图程序	语句表程序	指令功能
SEG EN ENO IN OUT	SEG IN, OUT	段译码指令：将输入字节 IN 的低 4 位有效数字值转换为 7 段显示码，并输出到字节 OUT
DECO EN ENO IN OUT	DECO IN, OUT	译码指令：根据输入字节 IN 的低 4 位所表示的位号（十进制数）将输出字 OUT 相应位置 1，其他位置 0
ENCO EN ENO IN OUT	ENCO IN, OUT	编码指令：将输入字 IN 中最低有效位的位号，转换为输出字节 OUT 中的低 4 位数据

说明：

1）对于段译码 SEG 指令，操作数 IN、OUT 均为字节型变量，寻址范围不包括专用的字及双字存储器，如 T、C、HC 等，其中 OUT 不能寻址常数。

2）7 段显示码的编码规则见表 3-25。

3）对于译码 DECO 指令，不能寻址专用的字及双字存储器，如 T、C、HC 等，其中 OUT 为字变量，不能对 HC 及常数寻址。

例如，假设用触摸屏上的 16 个指示灯来显示 16 个不会同时出现的错误，每一个指示灯对应于 MW2（字存储器）中的一位，VB0 中的错误代码为 3，译码指令"DECO VB0，MW2"将 MW2 的第 3 位置 1，显示 3 号错误的灯亮，其余的灯不亮。

4）编码指令 ENCO，操作数 IN 为字变量，OUT 为字节变量，OUT 不能寻址常数及专用的字及双字存储器 T、C、HC 等。

例如，设某系统不会同时出现的 16 个错误对应于 MW2 中的 16 位（M2.0～M3.7），地址越低的错误优先级越高。编码指令"ENCO MW2，VB20"将 MW2 中地址最低的为 1 状态

的位在字中的位数写入 VB20。设 MW2 中仅有 M3.5 和 M3.2 为 1 状态,那么显然是 M3.2 的优先级高,M3.2 在 MW2 中的位数为 2,因此该条指令执行完后写入 VB20 中的数为错误代码 2。在触摸屏中,用 16 位状态的信息单元来显示 16 条错误信息,用 VB20 中的数字来控制显示哪一条信息。

表 3-25　7 段显示码的编码规则

端译码显示	IN	OUT · gfe dcba	IN	OUT · gfe dcba
	0	0011 1111	8	0111 1111
	1	0000 0110	9	0110 0111
	2	0101 1011	A	0111 0111
	3	0100 1111	B	0111 1100
	4	0110 0110	C	0011 1001
	5	0110 1101	D	0101 1110
	6	0111 1101	E	0111 1001
	7	0000 0111	F	0111 0001

二、指令应用

能完成任务要求的梯形图如图 3-10 所示。

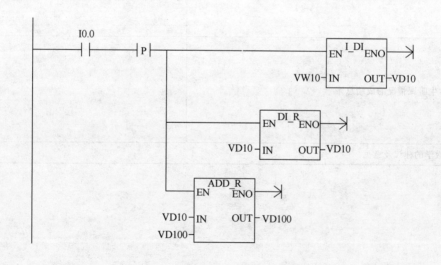

图 3-10　数据转换后运算梯形图程序

习　题　三

1. 在 I1 的上升沿,将 D0 ~ D49 中的几个数据逐个异或,求出它们的异或校验码,给出语句表程序。

2. 在 I4 的上升沿用模拟电位器调节定时器 T37 的设定值,定时范围为 10 ~ 15s,给出语句表程序。

【项目考核】

姓名		班级		填表日期	

讲授内容	接受情况	成绩
掌握数据传送指令对应的梯形图		
掌握用数据传送指令编写程序进而对对象进行控制		
掌握数据比较指令对应的梯形图		
掌握用数据比较指令编写程序进而对对象进行控制		
掌握数据移位指令对应的梯形图		
掌握用数据移位指令编写程序进而对对象进行控制		
掌握算术运算指令对应的梯形图		
掌握用算术运算指令编写程序进而对对象进行控制		
掌握其他数据运算指令对应的梯形图		
掌握用其他数据运算指令编写程序进而对对象进行控制		
掌握数据转换指令对应的梯形图		
掌握用数据转换指令编写程序进而对对象进行控制		
学生对所学内容的自我评价		
老师对学生听课情况的成绩总评		
对本项目教学的建议及意见		

项目四　运用顺序功能图编写程序并对对象进行控制

【项目目的】
能够熟练运用顺序功能图编写程序并对对象进行自动控制。

【项目器材及仪器】
PLC 实训设备。

【项目注意事项】
1. 分组学习相互促进。
2. 理解如何运用顺序功能图编写程序。
3. 项目学习重点应放在实际应用上，即运用顺序功能图编写程序对对象进行控制。

【项目任务】
任务一：PLC 顺序控制设计法。
任务二：基于起保停电路的顺序控制梯形图设计法。
任务三：基于顺序控制（指令 SCR 指令）的梯形图设计方法。
任务四：顺序功能图实例练习。

任务一　PLC 顺序控制设计法

一、PLC 顺序控制设计法概述

在以往的设计中，多采用经验设计法，即凭经验选择基本环节，并把它们有机地组合起来。其设计过程是逐步完善的过程，一般一次不易获得最佳方案，程序初步设计后，还需反复调试、修改和完善，直至满足被控制对象的控制要求，最后获得最佳方案。这就要求设计者具有较丰富的实践经验，特别是要懂得电器控制电路，掌握较多的控制系统基本环节，突出一个经验。因此经验设计法没有一个准确的方法可行，完全凭实践经验，只适用于简单的程序设计。要解决此问题，就要寻求一种准确的有规律的方法——顺序功能图法。

所谓顺序控制，就是使生产过程按生产工艺的要求预先安排顺序自动地进行生产的控制方式。顺序功能图法就是依据顺序功能图设计 PLC 顺序控制程序的方法，它的基本思想是将系统的一个工作周期分解成若干个顺序相连的阶段，即"步"。顺序功能图中的各"步"实现转换时，使前几步的活动结束而使后续步的活动开始，步之间没有重叠。这使系统中大量复杂的连锁关系在"步"的转换中得以解决。对于每一步的程序段，只需处理极其简单的逻辑关系。

PLC 顺序控制设计法是一种先进的设计方法，很容易被初学者接受，程序的调试、修改和阅读也很容易，并且大大缩短了设计周期，提高了设计效率。

二、PLC 顺序控制设计法的设计基本步骤

1. 步的划分

分析被控对象的工作过程及控制要求，将系统的工作过程划分成若干个阶段，这些阶段称为"步"，如图 4-1 所示。步是根据 PLC 输出量的状态划分的，只要系统的输出量状态发生变化，系统就从原来的步进入新的步。在每一步内 PLC 各输出量状态均保持不变，但是相邻两步输出量总的状态是不同的。

2. 转换条件的确定

转换条件是使系统从当前步进入下一步的条件。常见的转换条件有按钮、行程开关、定时器和计数器的触点的动作（通/断）等。

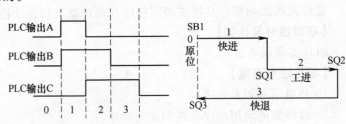

图 4-1　步的划分

3. 顺序功能图的绘制

根据以上分析画出描述系统工作过程的顺序功能图。这是顺序控制设计法中最关键的一个步骤。

4. 梯形图的绘制

根据顺序功能图，采用某种编程方式设计出梯形图。常用的设计方法有三种：起保停电路设计法、以转换为中心设计法、步进顺控指令设计法。

三、顺序功能图的组成要素

顺序功能图主要由步、有向连线、转换、转换条件和动作（或命令）等要素组成。

1. 步

（1）步的概念　步是根据系统输出量的变化，将系统的一个工作循环过程分解成若干个顺序相连的阶段，步对应于系统的一个稳定的状态，如图 4-2 所示。

（2）步的表示　用矩形框表示，框中的数字或符号是该步的编号。

（3）活动步　正在执行的步称为活动步，其他为不活动步

（4）初始步　初始步对应于控制系统的初始状态，是系统运行的起点。一个控制系统至少有一个初始步，初始步用双线框表示，如图 4-3 所示。

（5）前级步与后续步　当某步为活动步时，它对应的上一步叫做前级步，下一步叫后续步。

图 4-2　步　　　　　　　　　　　　　　　　图 4-3　初始步

2. 有向连线、转换和转换条件

在功能图中，步和步按运行时工作的顺序排列并用表示变化方向的有向连线连接起来。步的活动状态习惯的进展方向是从上到下、从左到右，这两个方向上的有向连线的箭头可以省略，其他方向不可省略。

转换用有向连线上的短划线表示，用于分隔两个相邻的步，步的活动状态的转化由转换实现。

转换条件是与转换相关的逻辑命题，可以用文字、布尔表达式、图形符号等标注在表示转换的短划线旁边。

有向线段和转换如图4-4所示。

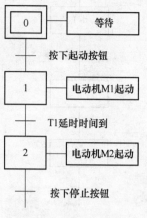

图4-4　有向线段和转换

3. 动作

一个步表示控制过程中的稳定状态，它可以对应一个或多个动作。可以在步右边加一个矩形框，在框中用简明的文字说明该步对应的动作，如图4-5所示。一个步对应多个动作时有两种画法，可任选一种，一步中的动作是同时进行的，动作之间没有顺序关系。

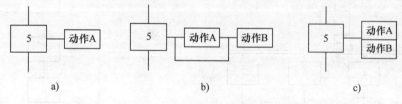

图4-5　动作的表示

动作可以有存储型、非存储型等，在顺序功能图中表达动作（或命令）可分为"非存储型"和"存储型"两种。当相应步活动时，动作（或命令）即被执行。当相应步不活动时，如果动作（或命令）返回到该步活动前的状态，是"非存储型"的；如果动作（或命令）继续保持它的状态，则是"存储型"的。当"存储型"的动作（或命令）被后续的步失励复位，仅能返回到它的原始状态。顺序功能图中表达动作（或命令）的语句应清楚地表明该动作（或命令）是"存储型"或是"非存储型"的，例如，"起动电动机 M1"与"起动电动机 M1 并保持"两条命令语句，前者是"非存储型"命令，后者是"存储型"命令。

四、顺序功能图设计的基本规则

1）步与步不能直接相连，必须用转换分开。

2）两个转换也不能直接相连，必须用步分开。

3）一个功能图必须有一个初始步，用于表示初始状态。

4）自动控制系统应能多次重复执行同一工艺过程，因此功能图应包含由步和有向连线组成的闭环。

五、顺序功能图的基本结构

依据步之间的进展形式，顺序功能图有单序列（见图4-6）、选择序列（见图4-7）、并行序列（见图4-8）和循环序列（见图4-9）几种基本结构。

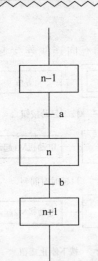

图 4-6　单序列

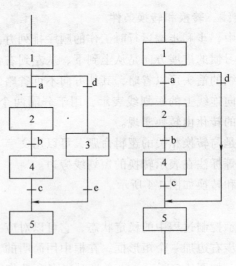

图 4-7　选择序列

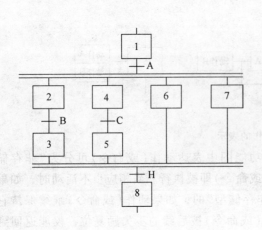

图 4-8　并行序列

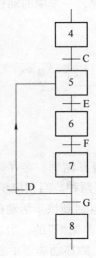

图 4-9　循环序列

1. 单序列

单序列结构由若干顺序激活的步组成，每步后面有一个转换，每个转换后也仅有一个步。

2. 选择序列

选择分支结构含多个可选择的分支序列，多个分支序列分支开始和结束处用水平连线将各分支连起来。在选择分支开始处，转换符号只能标注在水平连线之上。选择序列的结束称为合并，合并处的转换符号只能标注在水平线之上，每个分支结束处都有自己的转换条件。

选择分支开始处，程序将转到满足转换条件的分支执行，一般只允许选择一个分支，两个分支条件同时满足时，优先选择左侧分支。

3. 并行序列

当转换条件满足时，并列分支中的所有分支序列将同时激活，用于表示系统中的同时工作的独立部分。为强调转换的同步实现，并列分支用双水平线表示在并列分支的入口处只有一个转换，转换符号必须画在双水平线的上面，当转换条件满足时，双线下面连接的所有步变为活动步。并列序列的结束称为合并，合并处也仅有一个转换条件，必须画在双线的下面，当连接在双线上面的所有前级步都为活动步且转换条件满足时，才转移到双线下面的步。

4. 循环序列

循环序列用于一个顺序过程的多次或往复执行。功能图画法如图4-8所示，这种结构可看作是选择序列的一种特殊情况。

六、顺序功能图转换实现的基本规则

1. 转换实现的条件

1）该转换所有的前级步都是活动步。

2）相应的转换条件得到满足。

2. 转换实现时完成的操作

1）使所有由有向连线与相应转换符号相连的后续步都变为活动步。

2）使所有由有向连线与相应转换符号相连的前级步都变为不活动步。

3. 并列序列与选择序列转换的实现

1）并列序列分支处，转换有几个后续步，转换实现时应同时将它们变为活动步。

2）并列序列合并处，转换有几个前级步，它们均为活动时才有可能实现转换，在转换实现时应将它们全部变为非活动步。

3）在选择序列分支与合并处，一个转换实际上只有一个前级步和一个后续步，但一个步可能有多个前级步或多个后续步。

任务二　基于起保停电路的顺序控制梯形图设计法

一、起保停电路的编程方法

根据顺序功能图用起保停电路法设计梯形图时，用存储器 M 的位 Mx，y 来代替步，当某一步为活动步时，该步的存储位 Mx，y 为 ON，非活动步对应的存储位 Mx，y 为 OFF。当转换实现时，该转换的后续步变为活动步，前级步变为非活动步。这个过程的实施是：转换条件成立时使后续步变为非活动步是靠串在前级步的一个常闭触点来终止（停）的。用初始化脉冲 SM0.1 将梯形图中的初始步置为 ON，使系统处于等待状态。起保停电路法的基本结构如图4-10所示。

综合来说，起保停电路法由三部分组成，如图4-11所示：

1）起动电路部分：由某步之前的转换条件的逻辑关系组成（前级步为活动步及转换条件满足规定）。

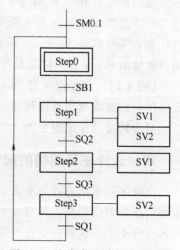

图4-10　起保停电路法基本结构

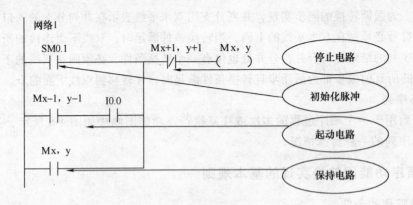

图 4-11　起保停电路梯形图基本结构

2）保持电路部分：在起动电路部分之上并联该步对应存储位线圈的常开触点。

3）停止电路部分：由该步后续步的常闭触点串联的逻辑关系组成（后续步不活动）。

二、输出电路的编程方法

仅在一步中为 ON 的输出量，可以直接与代表步的输出线圈并联，若某输出在多个步中都为 1 状态，应将各步的常开触点并联后，去驱动该输出的线圈。

三、单序列结构的起保停电路编程方法

顺序功能图的单序列结构形式简单，如图 4-6 所示，其特点是：每一步后面只有一个转换，每一个转换后面只有一步。各个步按顺序执行，上一步执行结束，转换条件成立，立即开通下一步，同时关断上一步。当 $n-1$ 步为活动步时，且转换条件 b 成立，则转换实现，n 步变为活动步，同时 $n-1$ 步关断。由此可见，第 n 步成为活动步的条件是：$Xn-1=1$，$b=1$；第 n 步关断的条件只有一个 $Xn+1=1$。用逻辑表达式表示顺序功能图的第 n 步开通和关断条件：左边的 Xn 为第 n 步的状态，等号右边 $Xn+1$ 表示关断第 n 步的条件，Xn 表示自保持信号，b 表示转换条件。

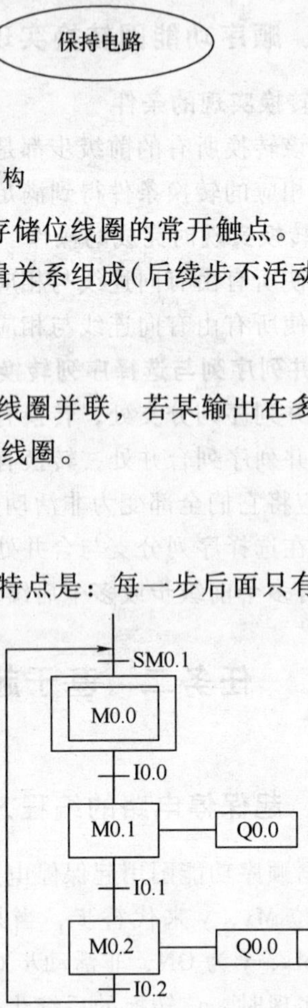

【例 4-1】　根据图 4-12 所示单序列顺序功能图，使用起保停电路法编写梯形图程序。

对应转换的梯形图如图 4-13 所示。

图 4-12　例 4-1 顺序功能图

四、选择序列结构的起保停电路编程方法

选择序列包括选择分支开始与选择分支合并。选择分支开始指一个前级步后面紧接着若干个后续步可供选择，各分支都有各自的转换条件，在图中则表示为代表转换条件的短划线在各自分支中。选择分支合并是指几个选择分支在各自的转换条件成立时转换到一个公共步上。在图 4-7 中，假设 1 为活动步，若转换条件 $a=1$，则执行步 2；如果转换条件 $d=1$，则

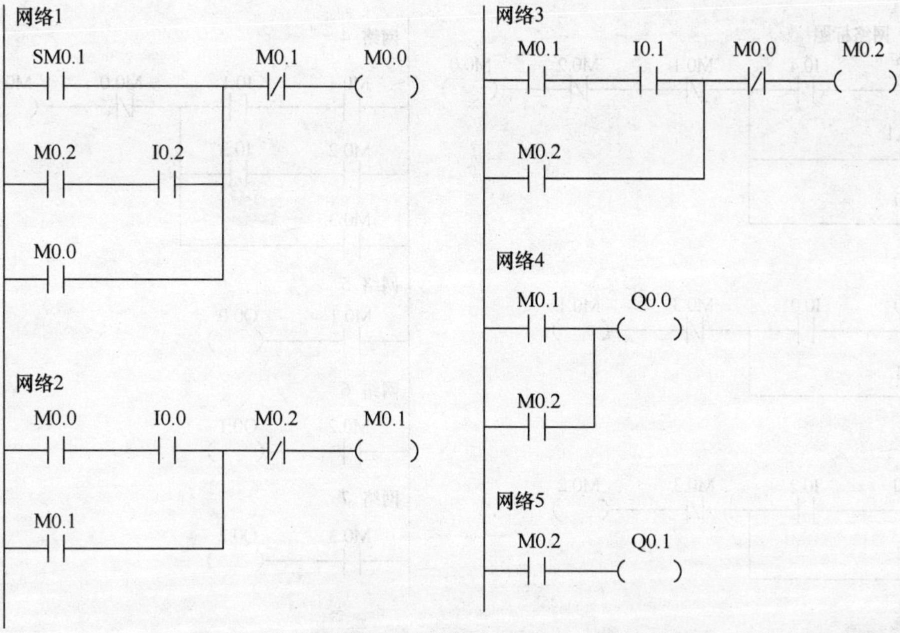

网络1

```
 SM0.1              M0.1      M0.0
 ─┤ ├─────────────┤/├──────( )
  │
 M0.2     I0.2
 ─┤ ├──────┤ ├─┤
  │
 M0.0
 ─┤ ├─┤
```

网络2

```
 M0.0      I0.0      M0.2      M0.1
 ─┤ ├──────┤ ├──────┤/├──────( )
  │
 M0.1
 ─┤ ├─┤
```

网络3

```
 M0.1      I0.1      M0.0      M0.2
 ─┤ ├──────┤ ├──────┤/├──────( )
  │
 M0.2
 ─┤ ├─┤
```

网络4

```
 M0.1                          Q0.0
 ─┤ ├──────────────────────( )
  │
 M0.2
 ─┤ ├─┤
```

网络5

```
 M0.2                          Q0.1
 ─┤ ├──────────────────────( )
```

图 4-13　使用起保停电路法编写的单序列结构梯形图

执行步 3。即哪个条件满足，则选择相应的分支，同时关断上一步 1。一般只允许选择其中一个分支。在编程时，若图 4-7 中的工步 1、2、3 分别用 M0.0、M0.1、M0.2 表示，则当 M0.1、M0.2 为活动步时，都将导致 M0.0 = 0，所以在梯形图中应将 M0.1、M0.2 的常闭触点与 M0.0 的线圈串联，作为关断 M0.0 步的条件。

如果步 4 为活动步，转换条件 $c = 1$，则步 4 向步 5 转换；如果步 3 为活动步，转换条件 $e = 1$，则步 3 向步 5 转换，若步 3、4、5 分别用 M0.2、M0.3、M0.4 表示，则 M0.4（步 5）的起动条件为：$M0.2 \cdot e + M0.3 \cdot c$，在梯形图中，则为 M0.2 的常开触点与 e 转换条件对应的触点串联、M0.3 的常开触点与 c 转换条件对应的触点串联，2 条支路并联后作为 M0.4 线圈的起动条件。

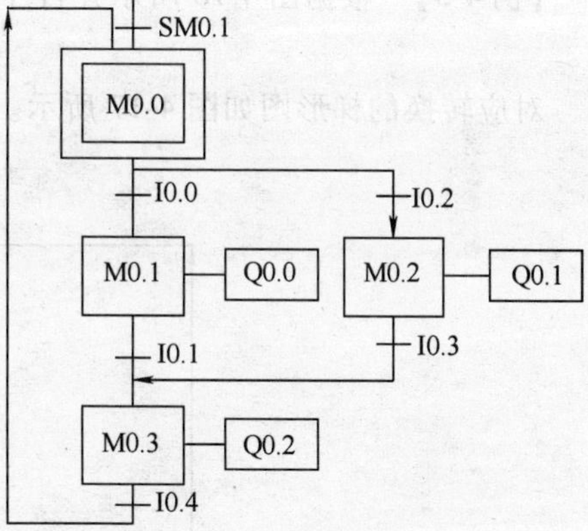

图 4-14　例 4-2 顺序功能图

【例 4-2】　根据图 4-14 所示选择序列顺序功能图，使用起保停电路法编写梯形图程序。

对应转换的梯形图如图 4-15 所示。

五、并行序列结构的起保停电路编程方法

并行分支包括并行的开始和并行的结束。并行分支的开始是指当转换条件实现后，同时使多个后续步激活。为了强调转换的同步实现，水平连线用双线表示。在图 4-8 中，当步 1 处于激活状态，若转换条件 A = 1，则步 2、4、6、7 同时起动，步 1 必须在步 2、6、7 都开启后，才能关断。并行分支的合并是指当前级 3、5、6、7 都为活动步，且转换条件 H

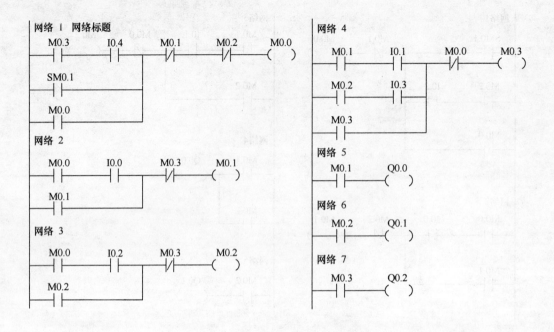

图 4-15　使用起保停电路法的选择序列结构梯形图

成立时，开通步 8，同时关断步 3、5、6、7。

【例 4-3】　根据图 4-16 所示并行序列顺序功能流程图，使用起保停电路法编制梯形图程序。

对应转换的梯形图如图 4-17 所示。

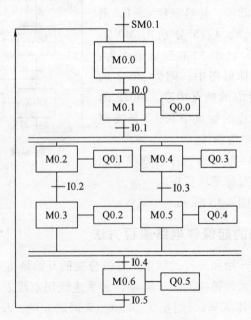

图 4-16　例 4-3 顺序功能图

122

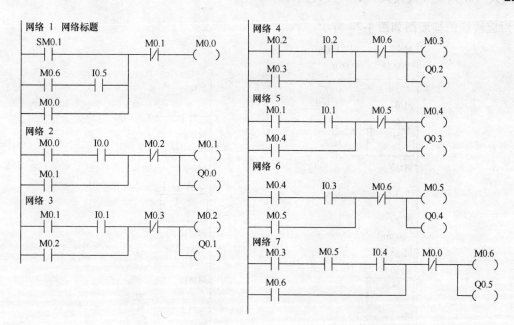

图 4-17 使用起保停电路法的并行序列结构梯形图

任务三 基于顺序控制指令（SCR 指令）的梯形图设计方法

顺序继电器指令 SCR 是专门用于将顺序功能图转化为梯形图的指令，一个 SCR 段对应于顺序功能图中的一步。根据顺序功能图中的步对应一个 SCR 段的关系很快就可将顺序功能图转化为梯形图。

SCR 指令有三条，如图 4-18 所示，这三条指令是一个整体。Sx1，y1 和 Sx2，y2 是顺序继电器的地址，用来表示是哪个顺序继电器。一组顺序继电器指令对应顺序功能图中的一步。一个 SCR 段对应于顺序功能图中的一个步。

一、单序列结构的顺序控制指令编程

使用顺序控制指令编程必须使用 S 状态元件代表的图 4-12 中各步，结果如图 4-19 所示。

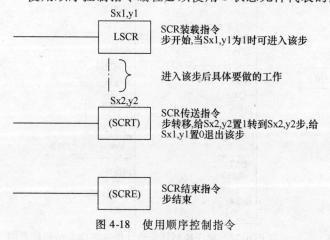

图 4-18 使用顺序控制指令

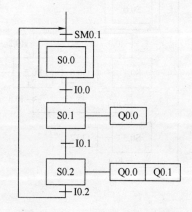

图 4-19 用 S 状态元件代表各步

对应转换的梯形图如图 4-20 所示。

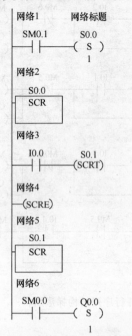

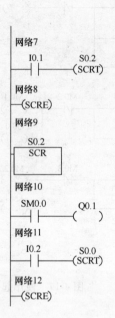

图 4-20　顺序控制指令设计的单序列结构梯形图

二、选择序列结构的顺序控制指令编程

用 S 状态元件代表图 4-14 中的各步，结果如图 4-21 所示。

对应转换的梯形图如图 4-22 所示。

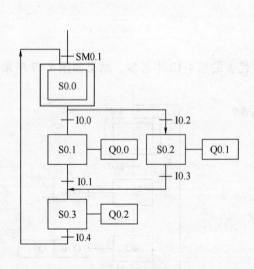

图 4-21　用 S 状态元件代表各步

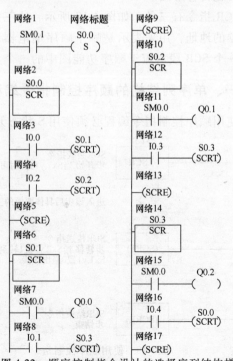

图 4-22　顺序控制指令设计的选择序列结构梯形图

124

三、并行序列结构的顺序控制指令编程

用 S 状态元件代表图 4-16 中的各步，结果如图 4-23 所示。

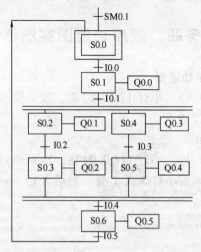

图 4-23　用 S 状态元件代表各步

对应转换的梯形图如图 4-24 所示。

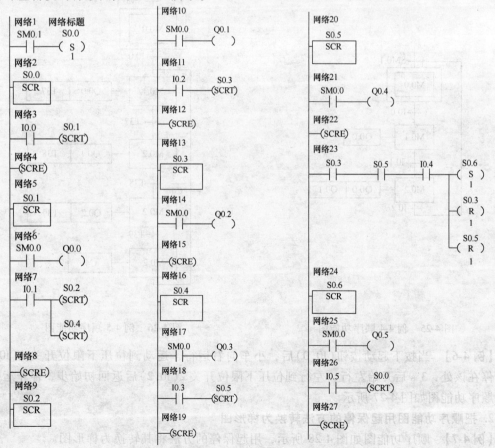

图 4-24　顺序控制指令设计的并行列结构梯形图

125

四、循环序列编程方法

循环序列编程方法和选择流程类似，不再详细介绍。

任务四 顺序功能图实例练习

1. 根据控制要求绘制顺序功能图

【例 4-4】 按下按钮 1（I0.1），小灯 1（Q0.1）亮，按下按钮 2（I0.1），小灯 2（Q0.2）亮，按下按钮 3（I0.2），小灯 1 和 2 全灭。

顺序功能图如图 4-25 所示。

【例 4-5】 按下按钮 1（I0.0），小灯 1（Q0.0）亮，2s 后小灯 2（Q0.1）亮 1 灭，再过 2s 后小灯 3（Q0.2）亮 2 灭，再过 2s 后小灯 3 灭 1 亮，然后开始下一轮循环，如此循环三次所有灯灭。

顺序功能图如图 4-26 所示。

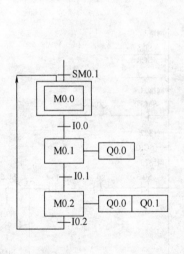

图 4-25 例 4-4 顺序功能图

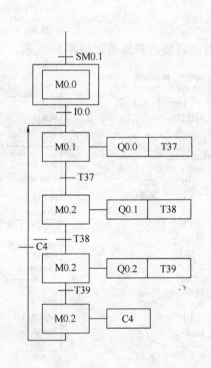

图 4-26 例 4-5 顺序功能图

【例 4-6】 当按下起动按钮（I0.0）后，小车向右运行，运动到位压下限位开关 1（I0.1）后，停在该处，3 s 后开始左行，左行到位压下限位开关 2（I0.2）后返回初始步，停止运行。

顺序功能图如图 4-27 所示。

2. 把顺序功能图用起保停的方法转换为梯形图

【例 4-7】 顺序功能图如图 4-28 所示，用起保停的方法将其转换为梯形图。

对应梯形图如图 4-29 所示。

126

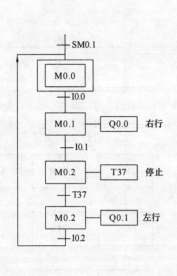

图 4-27 例 4-6 顺序功能图

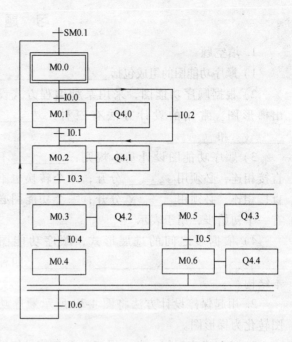

图 4-28 例 4-7 顺序功能图

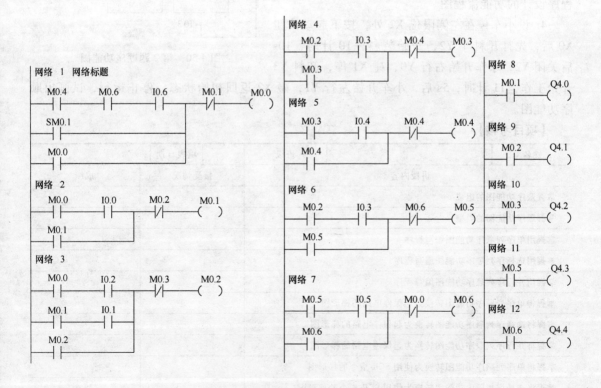

图 4-29 实例梯形图

127

习 题 四

1. 填空题

1）顺序功能图的组成包括_____、_____、_____、_____和_____五部分。

2）根据顺序功能图，采用某种编程方式设计出梯形图。常用的设计方法有三种：_____、_____和_____。

3）顺序功能图设计基本规则：_____不能直接相连，必须用_____分开；两个转换也不能直接相连，必须用_____分开；一个功能图必须有一个初始步，用于表示_____。

4）依据步之间的进展形式，顺序功能图有_____、_____、_____和_____四种基本结构。

2. 用起保停设计方法将图 4-30 所示顺序功能图转化为梯形图。

3. 编写出实现红、黄、绿三种颜色信号灯循环显示程序（要求循环间隔时间为 0.5s），并画出该程序设计的功能流程图。

4. 设小车停在左侧限位 X2 处，按下起动按钮 X0 后，先打开料斗 Y2，开始装料，T0 计时，10s 后关闭 Y2，小车开始右行 Y0，碰 X1 停，卸料 Y3 开始工作，T1 计时，5s 后，小车开始左行 Y1，碰 X2 返回初始状态，停止运行，试画出顺序功能图。

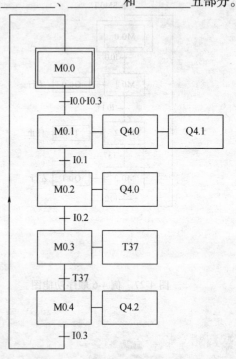

图 4-30　第 2 题顺序功能图

【项目考核】

姓名		班级		填表日期	
讲授内容			接受情况		成绩
掌握顺序功能图的组成					
掌握顺序功能图的类型					
掌握用单序列顺序功能图编写程序					
掌握用选择列顺序功能图编写程序					
掌握用并行序列顺序功能图编写程序					
掌握将单序列顺序功能图转换为起保停电路的梯形图					
掌握将选择序列顺序功能图转换为起保停电路的梯形图					
掌握将并行序列顺序功能图转换为起保停电路的梯形图					
掌握将单序列顺序功能图转换为使用 SCR 指令的梯形图					
掌握将选择序列顺序功能图转换为使用 SCR 指令的梯形图					
掌握将并行序列顺序功能图转换为使用 SCR 指令的梯形图					

（续）

姓名		班级	填表日期	
讲授内容			接受情况	成绩
学生对所学内容的自我评价				
老师对学生听课情况的成绩总评				
对本项目教学的建议及意见				

第二阶段 综合项目实战

任何一种控制系统都是为了实现被控对象的工艺要求，以提高生产效率和产品质量。因此在设计 PLC 控制系统时，应遵循以下基本原则。

1. 最大限度地满足被控对象的控制要求

充分发挥 PLC 的功能，最大限度地满足被控对象的控制要求，是设计 PLC 控制系统的首要前提，这也是设计中最重要的一条原则。这就要求设计人员在设计前就要深入现场进行调查研究，收集控制现场的资料，收集相关先进的国内、国外资料。同时要注意和现场的工程管理人员、工程技术人员、现场操作人员紧密配合，拟定控制方案，共同解决设计中的重点问题和疑难问题。

2. 保证 PLC 控制系统安全可靠

保证 PLC 控制系统能够长期安全、可靠、稳定地运行，是设计控制系统的重要原则。这就要求设计者在系统设计、元器件选择、软件编程上要全面考虑，以确保控制系统安全可靠。例如，应该保证 PLC 程序不仅在正常条件下运行，而且在非正常情况下，如突然掉电再上电、按钮按错等，也能正常工作。

3. 力求简单、经济、使用及维修方便

一个新的控制工程固然能提高产品的质量和数量，带来巨大的经济效益和社会效益，但新工程的投入、技术的培训、设备的维护也将导致运行资金的增加。因此，在满足控制要求的前提下，一方面要注意不断地扩大工程的效益，另一方面也要注意不断地降低工程的成本。这就要求设计者不仅应该使控制系统简单、经济，而且要使控制系统的使用和维护方便、成本低，不宜盲目追求自动化和高指标。

4. 适应发展的需要

由于技术的不断发展，控制系统的要求也将会不断地提高，设计时要适当考虑到今后控制系统发展和完善的需要。这就要求在选择 PLC 的输入/输出模块、I/O 点数和内存容量时，要适当留有裕量，以满足今后生产的发展和工艺的改进。

在了解了 PLC 控制系统设计的基本原则之后，下面针对不同的项目进行不同任务的设计，并且可以改变控制要求，通过对 PLC 自动控制知识的理解和掌握，实现不同控制要求的自动控制。

项目五　应用 PLC 对抢答器、喷泉和十字路口交通灯进行自动控制

【项目目的】

掌握 PLC 和被控对象（抢答器、喷泉和十字路口交通灯）及按钮、开关的硬件接线。

掌握应用 PLC 对被控对象（抢答器、喷泉和十字路口交通灯）进行自动控制的程序编写。

【项目器材及仪器】

PLC 实训设备。

【项目注意事项】

1. 学习过程中可以采用分组的方式进行讨论学习。

2. 学习过程中注意线路的检查。

3. 项目学习重点应放在实际应用上。

【项目任务】

任务一：应用 PLC 对抢答器进行自动控制。

任务二：应用 PLC 对音乐喷泉进行自动控制。

任务三：应用 PLC 对十字路口交通灯进行自动控制。

任务一　应用 PLC 对抢答器进行自动控制

抢答器是各种竞赛活动中不可缺少的设备，无论是学校、工厂、军队还是益智性电视节目，都会举办各种各样的竞赛，都会用到抢答器。目前市场上已有的各种各样的智力竞赛抢答器绝大多数是早期设计的一种只具有抢答锁定功能的电路，以模拟电路、数字电路或者模拟电路与数字电路相结合的产品，这部分抢答器已相当成熟。现在的抢答器具有倒计时、定时、自动（或手动）复位、报警（即声响提示，有的以音乐的方式来体现）、屏幕显示等多种功能。但功能越多的电路相对来说就越复杂，且成本偏高，故障率高，显示方式简单（有的甚至没有显示电路），无法判断是否有提前抢按抢答按钮的行为，不便于电路升级换代。本任务要求就是利用 PLC 作为核心部件进行信号的产生，用 PLC 本身的优势使竞赛真正达到公正、公平、公开。下面介绍应用 PLC 对抢答器进行自动控制，主要的设计部分为软件编程部分。

一、控制要求与装置结构

按下 SB1 时，抢答席 1 对应的指示灯点亮，表示抢答席 1 的抢答成功，其他两个席位的控制按钮 SB2、SB3 按下将无效。若想要进行下一轮的抢答，需要主持人按下复位按钮 SB0，待系统复位后，才可进行下一轮的抢答。同样，对于抢答席 2 和抢答席 3 上的抢答按钮控制过程和抢答席 1 上的抢答按钮 SB1 相同。图 5-1 所示为抢答器的模拟装置图。

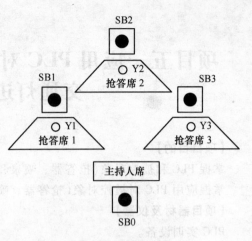

二、输入/输出地址分配

抢答器输入/输出端子分配图如图 5-2 所示。

三、软件编程

抢答器模拟控制系统梯形图如图 5-3 所示。

四、程序的调试和运行

调试、下载并运行程序，直至达到满意效果。

本例程的重点在于如何实现抢答器指示灯的"自锁"功能，即当某一抢答席抢答成功后，即

图 5-1　抢答器模拟装置图

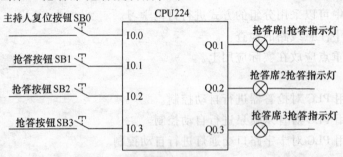

图 5-2　抢答器装置输入/输出端子分配

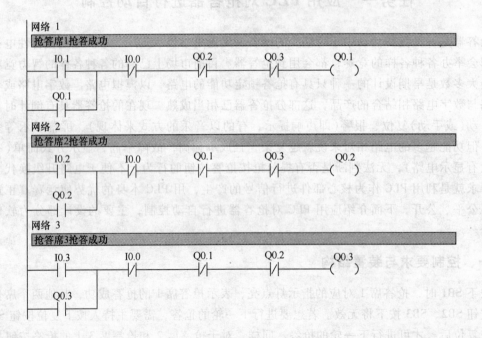

图 5-3　抢答器模拟控制系统梯形图

使按钮松开,其指示灯仍然亮,直至主持人进行复位才熄灭;同时,也实现了三个抢答席之间的"互锁"功能,即按下某一抢答席上的按钮后,其他两个抢答席按钮按下将无效。

任务二 应用 PLC 对音乐喷泉进行自动控制

在很多地方都可见到人工音乐喷泉,它集光、色、音于一身,给人以美感。喷泉的控制系统可采用单片机或可编程序控制器(PLC),甚至可采用工控机作控制核心。本任务就用 PLC 控制展开讨论。传统的喷泉控制一旦设计好控制电路,就不能随意改变喷水花样及喷水时间。采用 PLC 控制的优点是其体积小、功能强、可靠性高,且具有较大的灵活性,而且还可以进行不同程度的扩展。通过改变喷泉的控制程序就可以改变花式喷泉的喷水规律,从而不需要改变硬件就可变换出各式花样,适合应用于大型广场或景区的喷泉中。本任务利用 8 个显示灯的不同点亮方式来实现由 PLC 实现喷泉的自动控制。当对应的显示灯点亮时,表明此时对应的喷泉指示灯点亮且进行喷水。

一、控制要求与装置结构

控制要求 1:按下启动按钮 SB1,音乐喷泉的指示灯 1 点亮,1s 后指示灯 2 点亮,再过 1s 后指示灯 3 点亮,依次类推,直至音乐喷泉的指示灯 8 点亮,8 个指示灯同时亮 1s 后整体熄灭,再过 1s 指示灯 1 点亮,开始下一轮循环,按下停止按钮,整个过程停止。喷泉的模拟装置图如图 5-4 所示。

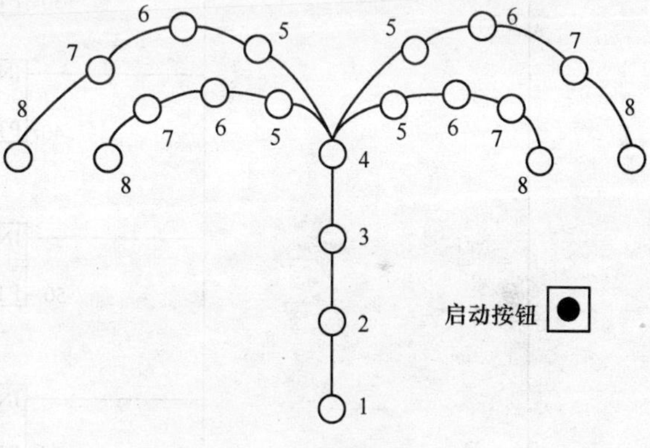

二、输入/输出地址分配

喷泉控制系统的输入/输出端子分配图如图 5-5 所示。

三、软件编程

喷泉控制系统的梯形图如图 5-6 所示。

图 5-4 喷泉模拟装置图

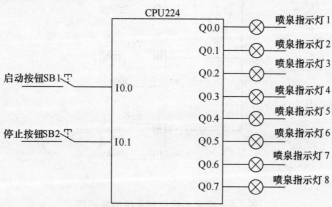

图 5-5 喷泉控制系统的输入/输出端子分配

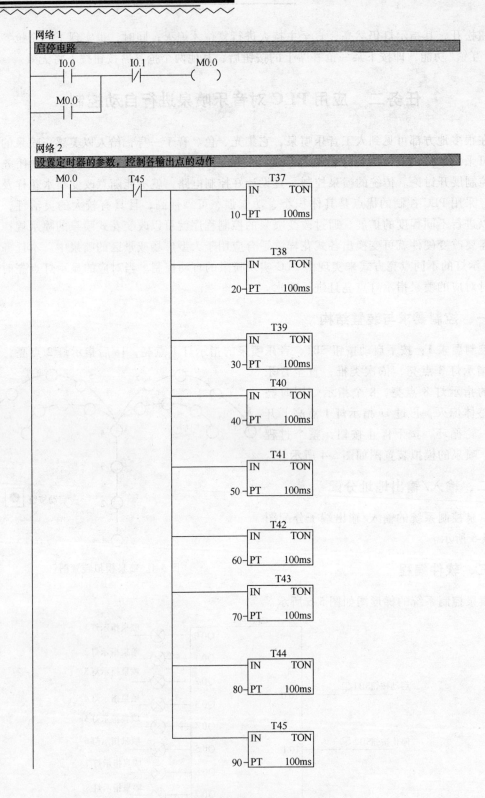

图 5-6 喷泉模拟控制系统的梯形图

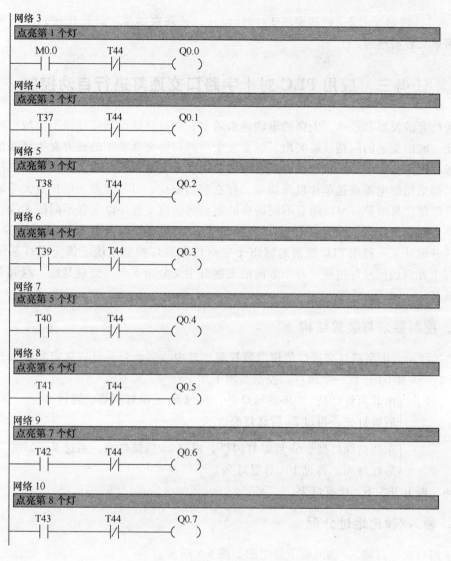

网络 3
点亮第 1 个灯

| M0.0 | T44 | Q0.0 |

网络 4
点亮第 2 个灯

| T37 | T44 | Q0.1 |

网络 5
点亮第 3 个灯

| T38 | T44 | Q0.2 |

网络 6
点亮第 4 个灯

| T39 | T44 | Q0.3 |

网络 7
点亮第 5 个灯

| T40 | T44 | Q0.4 |

网络 8
点亮第 6 个灯

| T41 | T44 | Q0.5 |

网络 9
点亮第 7 个灯

| T42 | T44 | Q0.6 |

网络 10
点亮第 8 个灯

| T43 | T44 | Q0.7 |

图 5-6　（续）

四、程序的调试和运行

调试、下载并运行程序，直至达到满意效果。

将控制要求做如下的改动，试着利用编写程序实现所要求的功能。

1）**控制要求 2**：按下启动按钮 SB1，音乐喷泉的指示灯 1 点亮，1s 后指示灯 2 点亮指示灯 1 熄灭，再过 1s 后指示灯 3 点亮灯 2 熄灭，依次类推，直至音乐喷泉的指示灯 8 点亮灯 7 熄灭，再过 1s 后指示灯 1 点亮灯 8 熄灭，开始下一轮循环，按下停止按钮，整个过程停止。

2）**控制要求 3**：按下启动按钮 SB1，音乐喷泉的指示灯 1 点亮，1s 后指示灯 2 点亮，再过 1s 后指示灯 3 点亮，直至第 8 个指示灯点亮，整体亮 1s，1s 后指示灯 8 熄灭，再过 1s 后指示灯 7 熄灭，同样类推，直至指示灯 1 熄灭，再整体熄灭 1s 后，开始下一轮的循环，按下停止按钮，整个过程停止。

由于已经介绍过顺序功能图的编写，试着运用顺序功能图对应的理论知识对喷泉彩灯

（控制要求1，控制要求2，控制要求3）进行设计，并观察结果。进行比较，用哪种方式编程较为简单且容易理解。

任务三　应用PLC对十字路口交通灯进行自动控制

随着社会的发展和进步，上路的车辆越来越多，而道路建设却往往跟不上城市发展的速度。因此，城市交通的问题日益突出。经常在十字路口等交通繁忙的地方发生堵塞情况。在这个时候，道路交通灯的正常运行以及合理的功能就是交通畅通的重要保证。而以往的交通信号灯大都采用继电器或是单片机来实现，存在着功能少、可靠性差、维护量大等缺点，而PLC编程简单、易维护，可以随着不同场合的需要灵活改变程序以实现不同的功能需求，且可靠性高，性价比较好。最重要的是PLC很适合来控制交通信号灯这类的时序控制系统。所以本任务设计了一种用PLC控制的城市十字路口交通灯控制系统。该交通灯系统由东西和南北四个方向的信号灯组成，每个方向的三盏灯中又分为3个。分别是红、绿和黄三种颜色的交通灯。

一、控制要求与装置结构

图5-7所示为十字路口交通灯的模拟装置图，其中，启动开关可以选定实验面板中的按钮S1、S2、S3和S4任意一个即可。控制要求1如下：

合上开关S
$\begin{cases} \text{南北向红灯亮，10s后绿灯亮，再过6s后绿灯闪烁，再过2s} \\ \text{后黄灯亮，再过2s后红灯亮。} \\ \text{东西向绿灯亮，6s后绿灯闪烁，再过2s后黄灯亮，再过2s} \\ \text{后红灯亮，再过10s后绿灯亮。} \end{cases}$

如此循环，断开开关S，所有灯灭。

二、输入/输出地址分配

十字路口交通灯输入/输出端子分配图如图5-8所示。

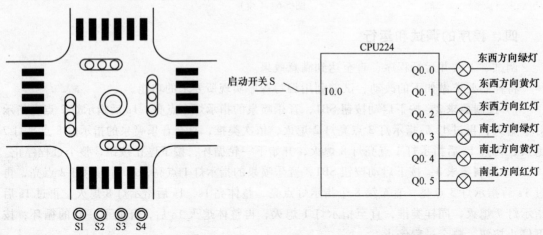

图5-7　十字路口交通灯模拟装置图　　图5-8　十字路口交通灯的输入/输出端子分配

三、软件编程

十字路口交通灯控制系统可以通过时序图设计法来编写梯形图。所谓的时序图就是根据 PLC 各输出信号的状态变化存在一定时间顺序，在画出各输出信号的时序图后，能更好地理解各个状态的转换条件，从而建立清晰明了的设计思路。

时序图法设计梯形图的步骤如下：

1）分析控制要求，明确 I/O 信号个数，合理选择机型。

2）对 PLC 进行 I/O 分配。

3）将时序图划分成若干个时间区段，确定各区段时间长短，找出区段的分界点，弄清分界点处各输出信号状态的转换关系和转换条件。

4）由时间区段的个数确定定时器数量，分配定时器号，确定各定时器定时时间，明确各定时器定时开始和定时时间到这两个关键时刻对各输出信号状态的影响。

5）明确 I/O 信号之间的时序关系，画出各 I/O 工作时时序图。

6）根据定时器的功能明细表、时序图和 I/O 分配表画出 PLC 控制梯形图。

使用时序图的解决方案如下：

1）分析输入/输出信号。依据控制要求，已经将交通灯的输入/输出进行了分配，输入信号即开关信号为 1 个；输出信号，交通灯的不同方向的红、绿、黄灯，共 6 个。

2）根据控制要求，画出各方向三色灯的工作时序图，如图 5-9 所示。

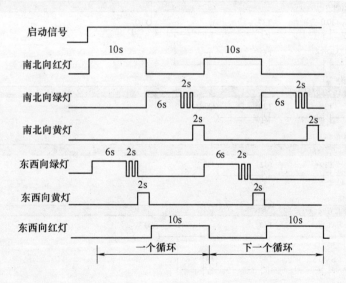

图 5-9　十字路口交通灯时序图

3）画出梯形图。十字路口交通灯模拟控制系统的梯形图如图 5-10 所示。

四、程序的调试和运行

调试、下载并运行程序，直至达到满意效果。

将控制要求做如下的改动，试着利用编写程序实现所要求的功能。

控制要求 2：

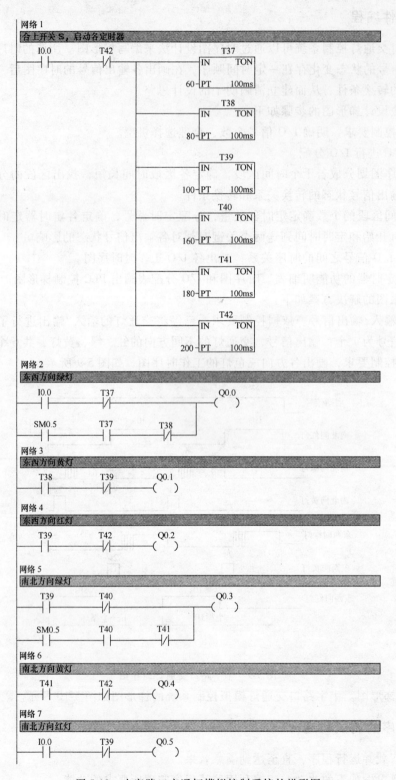

图 5-10 十字路口交通灯模拟控制系统的梯形图

合上开关 S $\begin{cases} \text{南北向红灯亮，10s 后绿灯亮，再过 6s 后黄灯闪烁，再过 2s} \\ \text{后黄灯亮，再过 2s 后红灯亮。} \\ \text{东西向绿灯亮，6s 后黄灯闪烁，再过 2s 后黄灯亮，再过 2s} \\ \text{后红灯亮，再过 10s 后绿灯亮。} \end{cases}$

由于已经学过顺序功能图的编写，试着运用顺序功能图的理论知识对十字路口交通灯模拟控制系统进行设计，并观察结果。

习 题 五

针对喷泉控制系统，按如下控制要求实现相应功能并绘制梯形图。

控制要求：按下启动按钮 SB1，音乐喷泉的指示灯 1 点亮，1s 后指示灯 2 点亮指示灯 1 熄灭，再过 1s 后指示灯 3 点亮灯 2 熄灭，依次类推，直至音乐喷泉的指示灯 8 点亮灯 7 熄灭，再过 1s 后指示灯 1 点亮灯 8 熄灭，开始下一轮循环，按下停止按钮，整个过程停止。

【项目考核】

姓名			班级		填表日期	
	讲授内容			接受情况		成绩
掌握 PLC 和抢答器模拟控制系统的硬件接线						
掌握应用 PLC 对抢答器控制时的程序编写						
掌握 PLC 和喷泉模拟控制系统的硬件接线						
掌握应用 PLC 对喷泉控制时的程序编写						
掌握 PLC 和十字路口交通灯模拟控制系统的硬件接线						
掌握应用 PLC 对十字路口交通灯控制时的程序编写						
大学生对所学内容的自我评价						
老师对学生听课情况的成绩总评						
对本项目教学的建议及意见						

项目六　应用 PLC 对洗衣机、装配流水线和自动成型系统进行自动控制

【项目目的】

掌握 PLC 和被控对象（洗衣机、装配流水线和自动成型系统）及按钮、开关的硬件接线。

掌握应用 PLC 对被控对象（洗衣机、装配流水线和自动成型系统）进行自动控制的程序编写。

【项目器材及仪器】

PLC 实训设备。

【项目注意事项】

1. 在学习过程中可以采用分组的方式进行讨论学习。

2. 在学习过程中注意线路的检查。

3. 项目学习重点应放在实际应用上。

【项目任务】

任务一：应用 PLC 对洗衣机进行自动控制。

任务二：应用 PLC 对装配流水线进行自动控制。

任务三：应用 PLC 对自动成型系统进行自动控制。

任务一　应用 PLC 对洗衣机进行自动控制

随着社会经济的发展和科学技术水平的提高，家庭电器全自动化成为必然的发展趋势。全自动洗衣机的出现极大地方便了人们的生活。全自动洗衣机综合运用了大量力学、电学、光学等知识。洗衣机的洗涤过程主要是达到在机械产生的排渗、冲刷等机械作用和洗涤剂的润湿、分散作用下，将污垢拉入水中来实现洗净的目的。本任务对应 PLC 实现洗衣机控制系统由进水、洗涤、排水、脱水、报警到手动排水以及停止的循环过程。下面就具体的控制要求来设计本任务中 PLC 的端子分配以及软件编程。

一、控制要求与装置结构

全自动洗衣机的控制过程相对复杂，包含了从开始启动到最后的排水几个部分，具体的洗衣机控制要求如下：

1）按下启动按钮，洗衣机开始进水，当水位高于规定水位上限时，上限位开关动作，洗衣机开始洗涤并停止进水。

2）开始时，洗衣机正转 2s，暂停 0.5s；反转 2s，暂定 0.5s，接着再正转，如此循环洗涤 8 次。

3）当洗涤次数达到 8 次时，结束洗涤，开始排水，由于排水使得水位开始降低，当水

140

位低于规定水位下限时，下限位开关动作，洗衣机开始脱水，脱水 1min，脱水停止。

4）脱水完成后，蜂鸣器鸣响，响 3s 后停止，表示整个洗衣过程完成，按下停止按钮，则洗衣机停止工作（若在蜂鸣器鸣响期间按下停止按钮，同样可使其停止鸣响）。

5）按下手动排水按钮，排水 5s，将洗衣机底部的余水排净。

洗衣机的模拟装置图如图 6-1 所示。

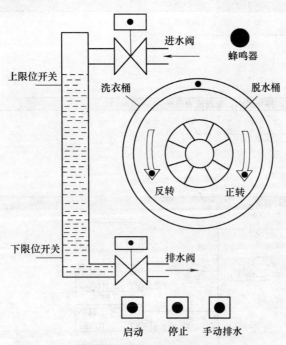

图 6-1　洗衣机的模拟装置图

二、输入/输出地址分配

全自动洗衣机输入/输出端子分配图如图 6-2 所示。

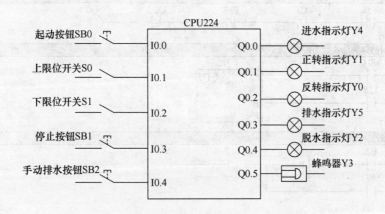

图 6-2　洗衣机装置输入/输出端子分配

141

三、软件编程

全自动洗衣机梯形图如图 6-3 所示。

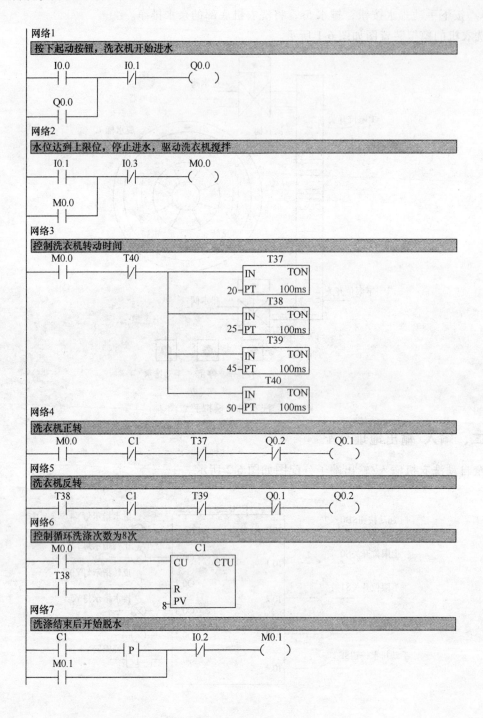

图 6-3　洗衣机模拟控制系统的梯形图

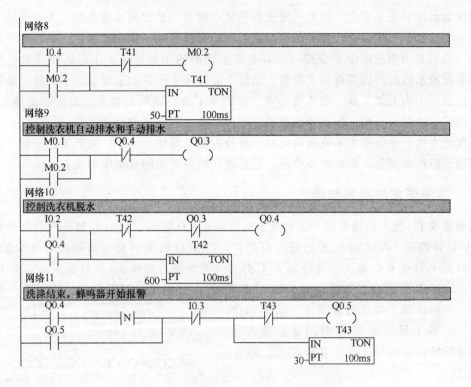

图 6-3　洗衣机模拟控制系统的梯形图（续）

四、程序的调试和运行

调试、下载并运行程序，直至达到满意效果。

任务二　应用 PLC 对装配流水线进行自动控制

装配流水线是人和机器的有效组合，最充分体现设备的灵活性，它将输送系统、随行夹具和在线专机、检测设备有机地组合，以满足多品种产品的装配要求。

装配流水线的传输方式和用途：

1）装配流水线的传输方式有同步传输（强制式），也可以是非同步传输（柔性式），根据配置的选择，实现手工装配或半自动装配。装配流水线在企业的批量生产中不可或缺。

2）装配流水线的用途。从产品的开发设计、生产制造到销售整个过程都应做到规范化、科学化、制度化。引进流水线，通过改变生产流程，推进快速流水作业，不仅提高了生产效率，也降低了经营成本，提高企业管理效率。流水线生产是目前生产线采取的主要方式之一，在流水线生产作业过程中，产品按照设计好的工艺过程依次顺序地通过每个工作站，并按照一定的作业速度完成每道工序的作业任务。生产过程是一个连续的不断重复的过程，具有高度的连续性。流水线技术将每条指令分解为多步，并让各步操作重叠，从而实现几条指令并行处理的技术。程序中的指令仍是一条一条顺序执行，但可以预先取若干条指令，并在当前指令尚未执行完时，提前启动后续指令的另一些操作步骤。这样显然可加速一段程序的运行过程。

143

装配流水线一条龙作业，具有一定规模的生产能力，装配流水线上的工人也会被立即分配到由具有高技能和强大工作能力的同事所组成的自我管理工作小组之中，在这些自我管理小组中，他们必须快速地学会变成一位具有高生产率的小组成员，正是这样可敬可爱的员工，使装配流水线的产能发挥到了极致，也给企业带来了美好的发展蓝图。此外，装配流水线还广泛适用于肉类加工业、冷冻食品业、水产加工业、饮料及食品、乳品加工业、制药、包装、电子、电器、汽配、加工制造业和农副产品加工业等多种行业。

装配流水线自动化作为工业自动化的一部分，能提高生产效率，降低工艺流程成本，最大限度地适应产品变化，提高产品质量，它是现代化生产控制系统中的重要组成部分。

一、控制要求与装置结构

控制要求1：按下启动按钮，工件从1号位装入，D灯亮，2s后A灯亮（表示开始进行操作1）D灯熄灭，再过3s后E灯亮A灯熄灭，再过2s后B灯亮（开始进行操作2）E灯熄灭，3s后F灯亮B灯熄灭，再过2s后C灯亮（开始进行操作3）F灯熄灭，3s后G灯亮C灯灭，2s后H灯亮G灯熄灭，又过3s后D灯亮H灯熄灭，接着便开始进行下一轮的循环。按下复位按钮，整个过程停止；按下移位按钮，工件从1号位用1s的时间逐渐进入仓库，不进行操作，同样，按下复位按钮，移位过程停止。

说明：在按下启动按钮进行整个操作的过程中，按下移位按钮不会出现工件以1s速度进行移位的现象；按下移位按钮，启动按钮同样不会起作用。图6-4所示为装配流水线的模拟装置图。

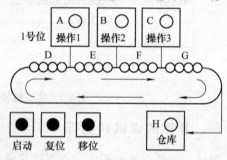

图6-4 装配流水线的模拟装置图

二、输入/输出地址分配

装配流水线的输入/输出端子分配图如图6-5所示。

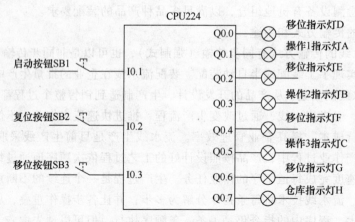

图6-5 装配流水线的输入/输出端子分配

三、软件编程

装配流水线模拟控制系统的梯形图如图 6-6 所示。

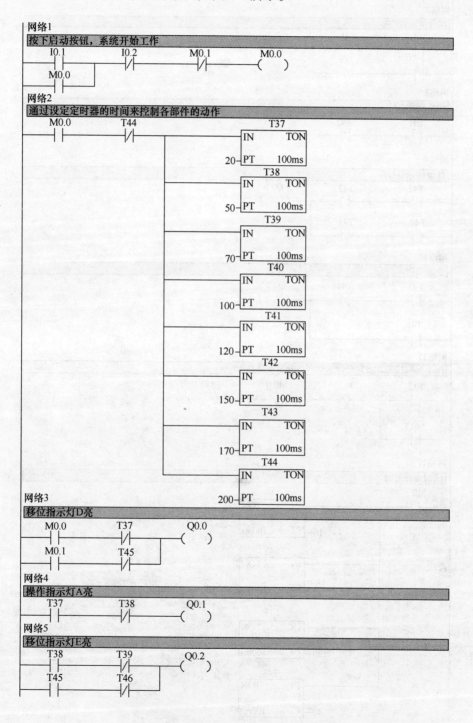

图 6-6　装配流水线模拟控制系统的梯形图

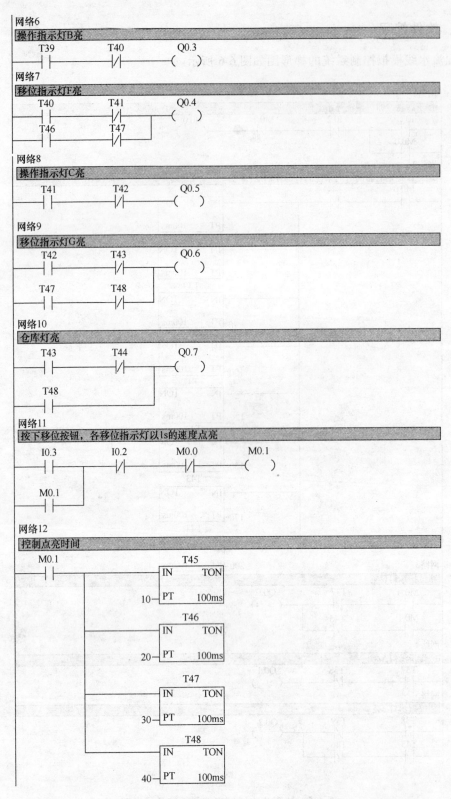

图 6-6　装配流水线模拟控制系统的梯形图（续）

四、程序的调试和运行

调试、下载并运行程序，直至达到满意效果。

将控制要求做如下的改动，试着利用编写程序实现所要求的功能。

控制要求 2：移位过程若同样进行循环，程序将作何改动，其他要求与控制要求 1 相同。

任务三　应用 PLC 对自动成型系统进行自动控制

随着企业提出的高柔性、高效益的要求，人们在面临规模更大、更复杂的生产劳动时，不仅费时费力，而且得不偿失。因此，自动成型系统的出现并广泛应用成为历史的必然。材料成型设备与计算机技术和智能技术相结合的智能型材料成型设备是今后的主要发展方向。本任务介绍的系统通过 PLC 控制塑料注塑成型，不仅能够省时省力，降低生产成本，减少设备维护；而且提高了工作的可靠性，减轻工人劳动强度，有效地提高了生产效率。

自动成型系统是由工作台、油缸 A、B、C 以及相应的电磁阀和信号灯等几部分组成。该自动成型系统是利用油的压力来传递能量，以实现材料（如钢筋）加工工艺的要求。该自动成型系统是利用 PLC 控制油缸 A、B、C 的三个电磁阀有序地打开和关闭，以使油进入或流出油缸，从而控制各油缸中活塞有序地运动，活塞带动连杆运动，给相应的挡块一个压力，这样就可以使材料成型。

一、装置结构与控制要求

图 6-7 所示为自动成型系统的模拟装置结构图。

1）当原料放入成型机时，各油缸为初始状态：$Y1 = Y2 = Y4 = OFF$，$Y3 = ON$，$SQ1 = SQ3 = SQ5 = OFF$，$SQ2 = SQ4 = SQ6 = ON$。

2）启动运行。当按下启动按钮，系统动作要求如下：

①　$Y2 = ON$，上面的油缸的活塞 B 向下运动，使 $SQ4 = OFF$。

②　当油缸活塞 B 下降到终点时，$SQ3 = ON$，此时，启动左油缸活塞 A 向右运动，右油缸活塞 C 向左运动，$Y1 = Y4 = ON$ 时，$Y3 = OFF$，使 $SQ2 = SQ6 = OFF$。

③　当该油缸活塞 A 运动到终点时，$SQ1 = ON$，并且油缸活塞 C 也运动到终点时，$SQ5 = ON$，原料已成型，各活塞退回到原位。首先，油缸活塞 A、C 返回，$Y1 = Y4 = OFF$，$Y3 = ON$，使 $SQ1 = SQ5 = OFF$。

④　当油缸活塞 A、C 回到初始状态，$SQ2 = SQ6 = ON$ 时，B 返回，$Y2 = OFF$，使 $SQ3 = OFF$。

⑤　当油缸活塞 B 返回到初始状态，$SQ4 = ON$ 时，系统回到初始状态，取出成品，放入原料后，按下启动按钮，重新启动，开始下一工件的加工。

二、输入/输出地址分配

自动成型系统的输入/输出端子分配图如图 6-8 所示。

147

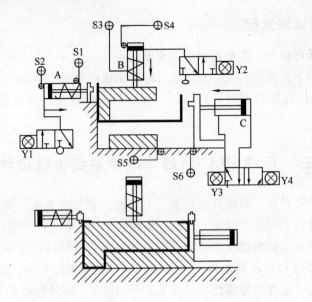

图 6-7　自动成型系统的模拟装置结构图

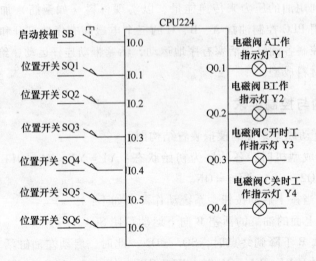

图 6-8　自动成型系统的输入/输出端子分配

三、软件编程实现

由于在之前的学习中，已经学习到利用顺序功能图编写程序，在此，为了能在编程部分实现多样化，并且可以和传统的梯形图编程方法形成比较，用顺序功能流程图编写自动成型系统的程序部分。图 6-9 所示为自动成型系统的顺序功能图。

根据顺序功能图设计梯形图，得到梯形图如图 6-10所示。

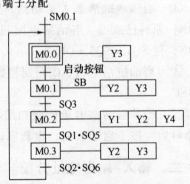

图 6-9　自动成型系统的顺序功能图

148

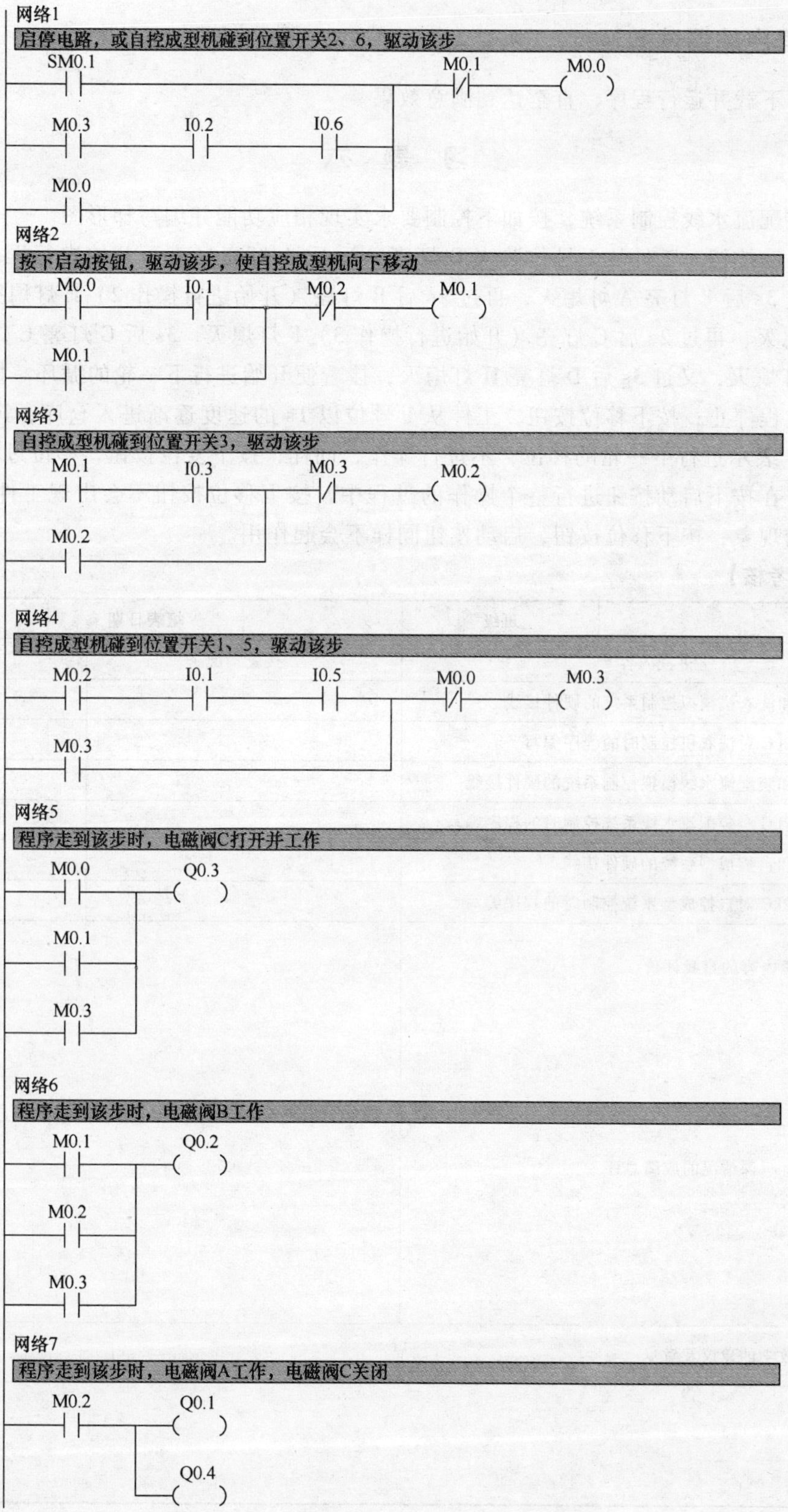

网络1

启停电路，或自控成型机碰到位置开关2、6，驱动该步

```
 SM0.1                                    M0.1      M0.0
──┤├──┬─────────────────────────┬──────┤/├──────( )──
      │                         │
 M0.3 │  I0.2        I0.6        │
──┤├──┼──┤├─────────┤├──────────┤
      │                         │
 M0.0 │                         │
──┤├──┘
```

网络2

按下启动按钮，驱动该步，使自控成型机向下移动

```
 M0.0      I0.1        M0.2      M0.1
──┤├───────┤├──────┬──┤/├──────( )──
                   │
 M0.1              │
──┤├───────────────┘
```

网络3

自控成型机碰到位置开关3，驱动该步

```
 M0.1      I0.3        M0.3      M0.2
──┤├───────┤├──────┬──┤/├──────( )──
                   │
 M0.2              │
──┤├───────────────┘
```

网络4

自控成型机碰到位置开关1、5，驱动该步

```
 M0.2      I0.1        I0.5       M0.0      M0.3
──┤├───────┤├─────────┤├──────┬──┤/├──────( )──
                              │
 M0.3                         │
──┤├──────────────────────────┘
```

网络5

程序走到该步时，电磁阀C打开并工作

```
 M0.0            Q0.3
──┤├─────────┬──( )──
             │
 M0.1        │
──┤├─────────┤
             │
 M0.3        │
──┤├─────────┘
```

网络6

程序走到该步时，电磁阀B工作

```
 M0.1            Q0.2
──┤├─────────┬──( )──
             │
 M0.2        │
──┤├─────────┤
             │
 M0.3        │
──┤├─────────┘
```

网络7

程序走到该步时，电磁阀A工作，电磁阀C关闭

```
 M0.2            Q0.1
──┤├─────────┬──( )──
             │
             │   Q0.4
             └──( )──
```

图 6-10　自动成型系统模拟控制系统梯形图

四、程序的调试和运行

调试、下载并运行程序，直至达到满意效果。

习 题 六

针对装配流水线控制系统，按如下控制要求实现相应功能并编写梯形图。

按下启动按钮，工件从1号位装入D灯亮，2s后A灯亮（表示开始进行操作1）D灯熄灭，再过3s后E灯亮A灯熄灭，再过2s后B灯亮（开始进行操作2）E灯熄灭，3s后F灯亮B灯熄灭，再过2s后C灯亮（开始进行操作3）F灯熄灭，3s后G灯亮C灯灭，2s后H灯亮G灯熄灭，又过3s后D灯亮H灯熄灭，接着便开始进行下一轮的循环。按下复位按钮，整个过程停止；按下移位按钮，工件从1号位以1s的速度逐渐进入仓库，进入仓库1s后D灯亮，表示进行下一轮的移位，不进行操作，同样，按下复位按钮，移位过程停止。

说明： 在按下启动按钮进行整个操作的过程中，按下移位按钮不会出现工件以1s速度进行移位的现象；按下移位按钮，启动按钮同样不会起作用。

【项目考核】

姓名		班级		填表日期	
讲授内容			接受情况		成绩
掌握PLC和洗衣机模拟控制系统的硬件接线					
掌握应用PLC对洗衣机控制时的程序编写					
掌握PLC和装配流水线模拟控制系统的硬件接线					
掌握应用PLC对装配流水线系统控制时的程序编写					
掌握PLC和自控成型系统的硬件接线					
掌握应用PLC对自控成型系统控制时的程序编写					
学生对所学内容的自我评价					
老师对学生听课情况的成绩总评					
对本项目教学的建议及意见					

150

项目七 应用 PLC 对多种液体混合系统、机械手和四级传送带进行控制

【项目目的】

掌握 PLC 和被控对象（机械手、多种液体混合系统和四节传送带）及按钮、开关的硬件接线。

掌握应用 PLC 对被控对象（机械手、多种液体混合系统和四节传送带）进行自动控制的程序编写。

【项目器材及仪器】

PLC 实训设备。

【项目注意事项】

1. 在学习过程中可以采用分组的方式进行讨论学习。

2. 在学习过程中注意线路的检查。

3. 项目学习重点应放在实际应用上。

【项目任务】

任务一：应用 PLC 对多种液体混合系统进行控制。

任务二：应用 PLC 对机械手进行控制。

任务三：应用 PLC 对四级传送带系统进行自动控制。

任务一 应用 PLC 对多种液体混合系统进行控制

图 7-1 所示为三种液体的混合装置结构图。SL1、SL2、SL3 为液面传感器，液面淹没时接通，三种液体的流入（液体 A，液体 B，液体 C）和混合液体的流出分别由电磁阀 Y1、Y2、Y3、Y4 控制。M 为搅拌电动机，H 为加热炉，ST 为温度传感器。

一、控制要求

（1）初始状态 装置投入运行时，容器是空的，Y1、Y2、Y3、Y4 电磁阀和搅拌电机 H 的状态为 OFF，液面传感器 SL1、SL2、SL3 的状态也均为 OFF。

（2）启动操作 按下启动按钮 SB1 液体混合装置就开始按下列给定的顺序进行动作。

1）Y1 和 Y2 阀门打开，液体 A 和 B 开始注入容器，当液面高度为 L2 时（此时，SL2 和 SL3 为 ON），停止注入液体 A 和 B（Y1，Y2 为 OFF），同时 Y3 阀门打开，注入液体 C，当液位高度为 L3 时（此时 SL1、SL2、SL3 均为 ON），停止注入液体 C（Y3 为 OFF）。

2）液体 C 停止注入时，搅拌电动机开始搅拌，10s 后搅拌均匀。

3）搅拌停止后开始对混合液体进行加热，当液体的温度达到一定值时，停止加热。

4）加热完成后，Y4 阀门打开，开始放出液体，当液位高度降低至 L1 时，剩余液体 5s 后排空，Y4 阀门闭合。

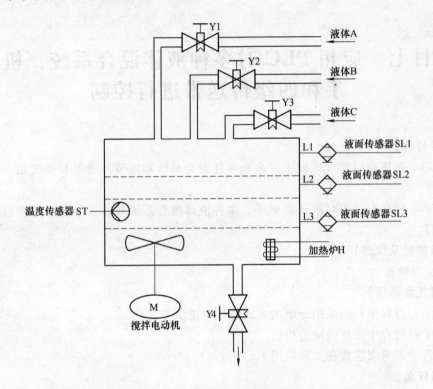

图 7-1　三种液体的混合装置结构图

（3）停止操作　按下停止按钮 SB2 后，在当前操作完毕后停止操作，回到初始状态。

二、输入/输出地址分配

多种液体混合装置的控制采用的 PLC 为 S7-200CPU224，其输入/输出端子分配图如图 7-2所示。

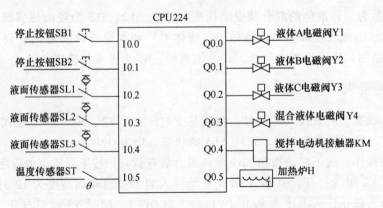

图 7-2　多种液体混合装置的输入/输出端子分配图

三、软件编程

在液体混合控制系统中，生产过程是根据生产工艺的要求，按预先安排的顺序自动地进行生产，所以可采用顺序功能图法设计 PLC 的控制程序。

（1）顺序功能图　多种液体混合系统的顺序功能图如图 7-3 所示。

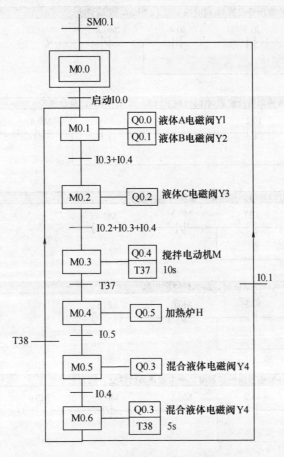

图 7-3　多种液体混合系统的顺序功能图

（2）根据顺序功能图设计梯形图　多种液体混合系统的梯形图如图 7-4 所示。

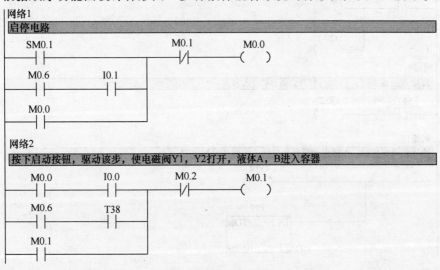

图 7-4　多种液体混合系统的梯形图

153

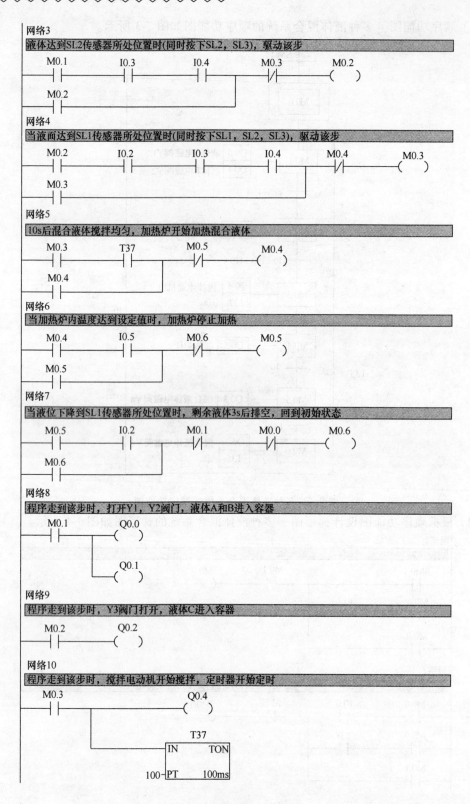

图 7-4　多种液体混合系统的梯形图（续）

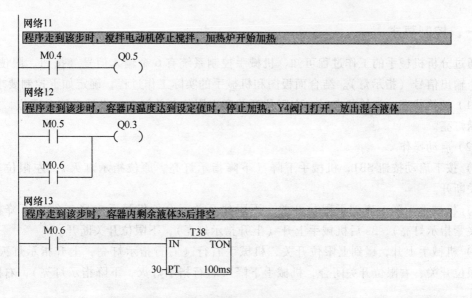

图 7-4　多种液体混合系统的梯形图（续）

四、程序的调试和运行

调试、下载并运行程序，直至达到满意效果。

任务二　应用 PLC 对机械手进行控制

工业机械手是一种能模仿人手动作，能在三维空间完成各种作业，按给定的程序或要求自动地完成对对象的传送或操作，并具有可改变和可反复编程的机电一体化机械装置，特别适用于多品种、变批量的柔性生产。

图 7-5 所示机械手的任务是将工件从工作台 A 搬往工作台 B。机械手的初始位置是在原点，按下启动按钮后，机械手将依次完成：下降、夹紧、上升、右移、下降、放松、上升和左移这 8 个动作，从而实现一个周期的自动循环工作。现要求用 PLC 设计该机械手的电气控制系统。

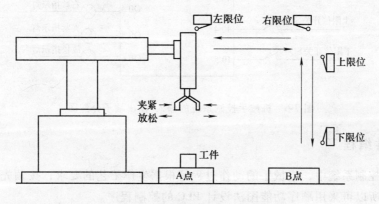

图 7-5　机械手控制系统示意图

一、控制要求

通过分析机械手的工作过程可知，机械手控制系统有 6 个输入信号（按钮、限位开关）和 7 个输出信号（指示灯）。结合面板图和机械手的实际工作过程，确定如下控制要求。

（1）初始状态　初始状态时，左限位开关和上限位开关闭合，机械手停在原位，此时原位指示灯亮。

（2）启动操作

1）按下启动按钮 SB1，机械手下降（下降指示灯亮，原位指示灯灭），左限位和上限位开关断开。

2）机械手下降，碰到下限位开关，下限位开关闭合，机械手夹紧工件（下降指示灯灭，夹紧指示灯亮），3s 后机械手上升（上升指示灯亮），下限位开关断开。

3）机械手上升，碰到上限位开关，机械手右行（右行指示灯亮，上升指示灯灭）。碰到右限位开关，右限位开关闭合，机械手下降（右行指示灯灭，下降指示灯亮），右限位开关断开。

4）碰到下限位开关，机械手放松工件（放松指示灯亮，下降指示灯灭），3s 后机械手上升，下限位开关断开。

5）机械手上升，碰到上限位开关，机械手左行，碰到左限位开关，机械手回到原位，机械手整个工作过程结束。

（3）停止操作　按下停止按钮 SB2 后，在当前操作完毕后停止操作，回到初始状态。

二、输入/输出地址分配

机械手的控制采用的 PLC 为 S7-200CPU224，其输入/输出端子分配图如图 7-6 所示。

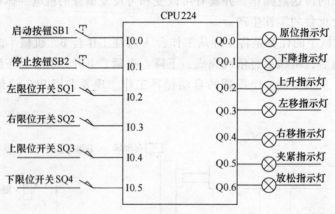

图 7-6　机械手控制系统的输入/输出端子分配图

三、软件编程

在机械手控制系统中，机械手的动作过程是根据生产工艺的要求，按预先安排的顺序自动地进行的，所以可采用顺序功能图法设计 PLC 的控制程序。

（1）顺序功能图　机械手控制系统的顺序功能图如图 7-7 所示。

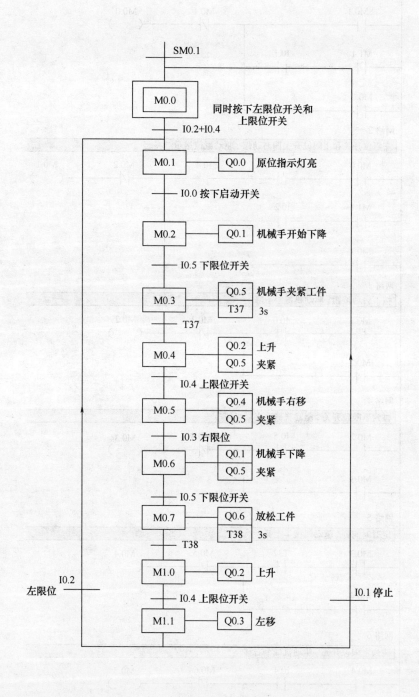

图 7-7　机械手控制系统的顺序功能图

（2）根据顺序功能图设计梯形图　机械手控制系统的梯形图如图 7-8 所示。

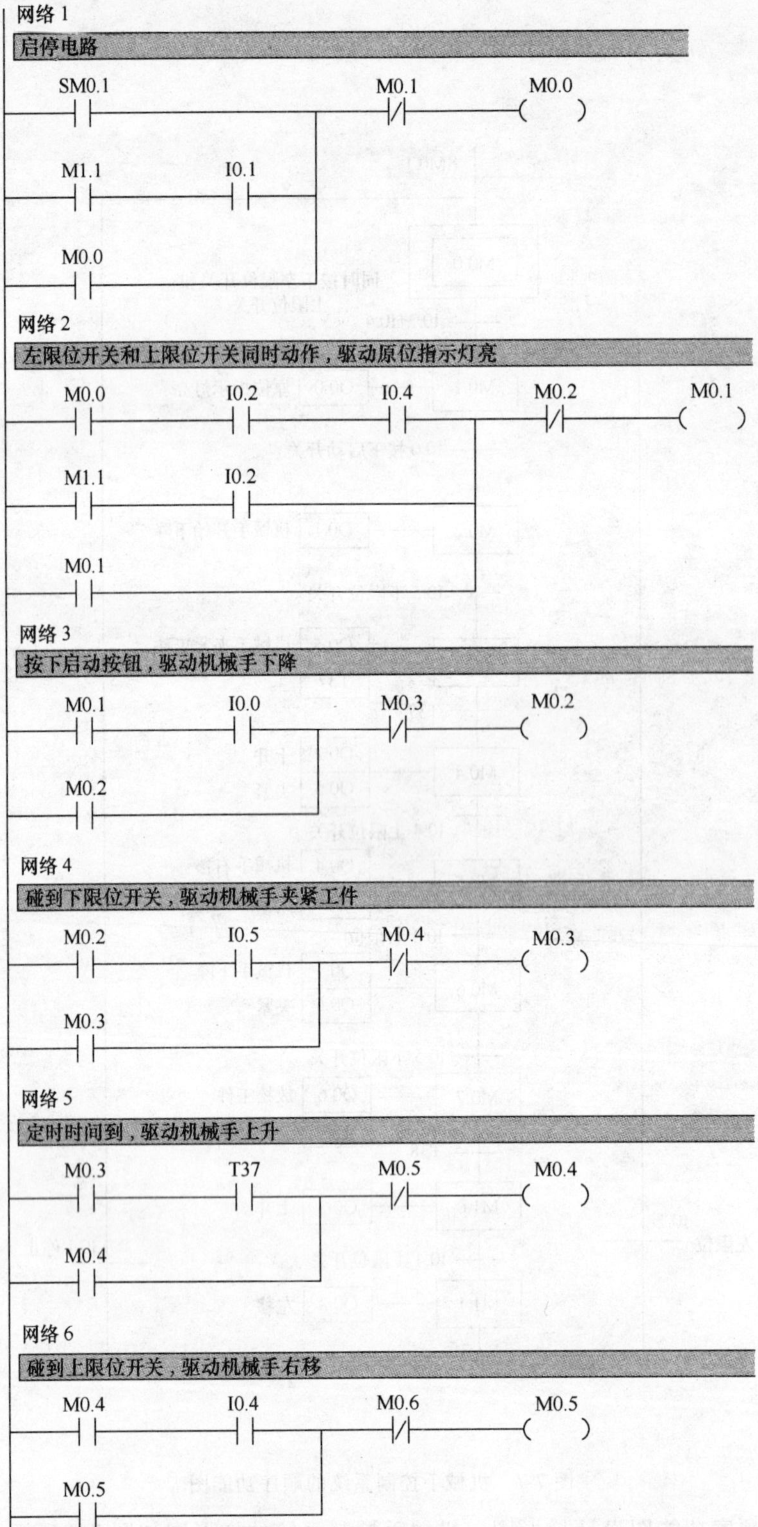

网络1

启停电路

```
  SM0.1                              M0.1        M0.0
───┤ ├──────────────────┬──────────┤/├────────( )───
                        │
   M1.1        I0.1      │
───┤ ├────────┤ ├───────┤
                        │
   M0.0                  │
───┤ ├───────────────────┘
```

网络2

左限位开关和上限位开关同时动作，驱动原位指示灯亮

```
  M0.0       I0.2        I0.4              M0.2        M0.1
───┤ ├──────┤ ├────────┤ ├────────┬──────┤/├────────( )───
                                  │
   M1.1       I0.2                 │
───┤ ├───────┤ ├───────────────────┤
                                  │
   M0.1                            │
───┤ ├─────────────────────────────┘
```

网络3

按下启动按钮，驱动机械手下降

```
  M0.1        I0.0              M0.3        M0.2
───┤ ├────────┤ ├───────┬──────┤/├────────( )───
                       │
   M0.2                 │
───┤ ├──────────────────┘
```

网络4

碰到下限位开关，驱动机械手夹紧工件

```
  M0.2        I0.5              M0.4        M0.3
───┤ ├────────┤ ├───────┬──────┤/├────────( )───
                       │
   M0.3                 │
───┤ ├──────────────────┘
```

网络5

定时时间到，驱动机械手上升

```
  M0.3         T37              M0.5        M0.4
───┤ ├────────┤ ├───────┬──────┤/├────────( )───
                       │
   M0.4                 │
───┤ ├──────────────────┘
```

网络6

碰到上限位开关，驱动机械手右移

```
  M0.4        I0.4              M0.6        M0.5
───┤ ├────────┤ ├───────┬──────┤/├────────( )───
                       │
   M0.5                 │
───┤ ├──────────────────┘
```

图7-8　机械手控制系统的梯形图

网络 7

碰到右限位开关，驱动机械手下降

```
  M0.5        I0.3        M0.7          M0.6
 --| |--------| |--------|/|----------(   )--
  M0.6
 --| |--
```

网络 8

碰到下限位开关，驱动机械手放松工件

```
  M0.6        I0.5        M1.0          M0.7
 --| |--------| |--------|/|----------(   )--
  M0.7
 --| |--
```

网络 9

放松工件时间到，驱动机械手上升

```
  M0.7        T38         M1.1          M1.0
 --| |--------| |--------|/|----------(   )--
  M1.0
 --| |--
```

网络 10

碰到上限位开关，驱动机械手左移

```
  M1.0     I0.4      M0.1      M0.0        M1.1
 --| |-----| |------|/|------|/|---------(   )--
  M1.1
 --| |--
```

网络 11

机械手原位指示灯亮

```
  M0.1          Q0.0
 --| |----------(   )--
```

网络 12

机械手下降

```
  M0.2          Q0.1
 --| |----------(   )--
  M0.6
 --| |--
```

网络 13

机械手夹紧工件

```
  M0.3          Q0.5
 --| |----------(   )--
  M0.4
 --| |--
  M0.5
 --| |--
  M0.6
 --| |--
```

网络 14

机械手上升

```
  M0.4          Q0.2
 --| |----------(   )--
  M1.0
 --| |--
```

网络 15

机械手右移

```
  M0.5          Q0.4
 --| |----------(   )--
```

图 7-8　机械手控制系统的梯形图（续）

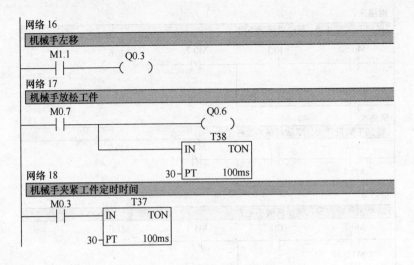

图 7-8　机械手控制系统的梯形图（续）

四、程序的调试和运行

调试、下载并运行程序，直至达到满意效果。

任务三　应用 PLC 对四级传送带系统进行自动控制

多级传送带系统凭借它自身的特点和优势在现代工业中有着重要的作用和地位。本任务采用四级传送带模拟实验板，利用 PLC 对其进行顺序控制。四级传送带控制系统模拟实验面板图如图 7-9 所示。

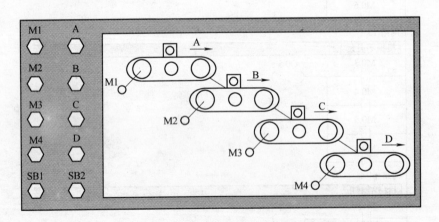

图 7-9　四级传送带控制系统模拟实验面板图

M1、M2、M3、M4 表示传送带的运动，用发光二极管来模拟；启动和停止用按钮 SB1 和 SB2 来实现；故障设置用 A、B、C、D 按钮来模拟。

一、控制要求

1）启动时先启动最末一条传送带机，经过 5s 延时，再依次以相同的间隔时间启动其他传送带机。

2）停止时应先停止最前一条传送带机，待料运送完毕后再依次以 5s 的间隔时间停止其他传送带机。

3）当某条传送带机发生故障时，该传送带机及其前面的传送带机立即停止，而该传送带机以后的传送带机待运完后才停止。例如 M2 故障，M1、M2 立即停，经过 5s 延时后，M3 停，再过 5s，M4 停。

二、输入/输出地址分配

四节传送带控制系统采用的 PLC 为 S7-200CPU224，其输入/输出端子分配如图 7-10 所示，由模拟实验板面板图可知，该系统有 6 个输入信号，4 个输出信号。

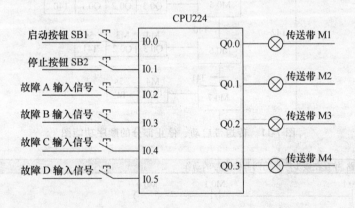

图 7-10 传送带控制系统的输入/输出端子分配图

三、软件编程

根据控制要求可知，传送带的启动、停止是根据生产工艺的要求，按预先安排的顺序自动地进行的，所以可采用顺序功能图法设计控制程序，但是故障是随机的，不能预先设定顺序功能图，只能根据编程经验设计梯形图。

1）启动、停止部分的顺序功能图如图 7-11 所示。

2）根据顺序功能图将传送带启动、停止部分的梯形图设计出来，然后再根据编程经验将故障部分的梯形图融入进去，设计的总体梯形图如图 7-12 所示。

四、程序的调试和运行

调试、下载并运行程序，直至达到满意效果。

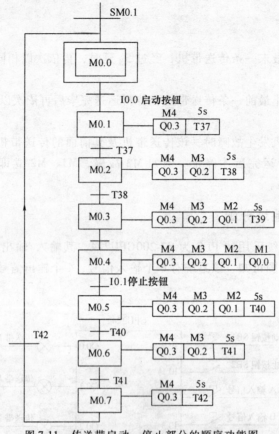

图 7-11　传送带启动、停止部分的顺序功能图

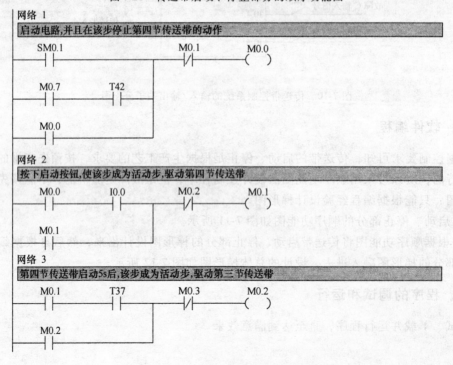

图 7-12　四节传送带控制系统的梯形图

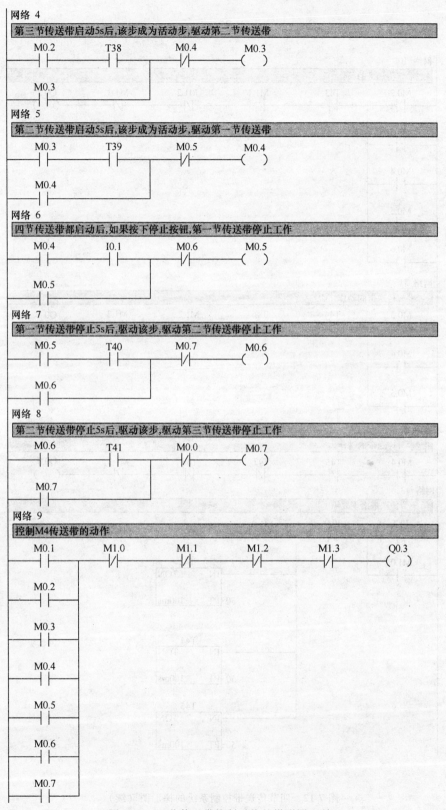

图 7-12 四节传送带控制系统的梯形图（续）

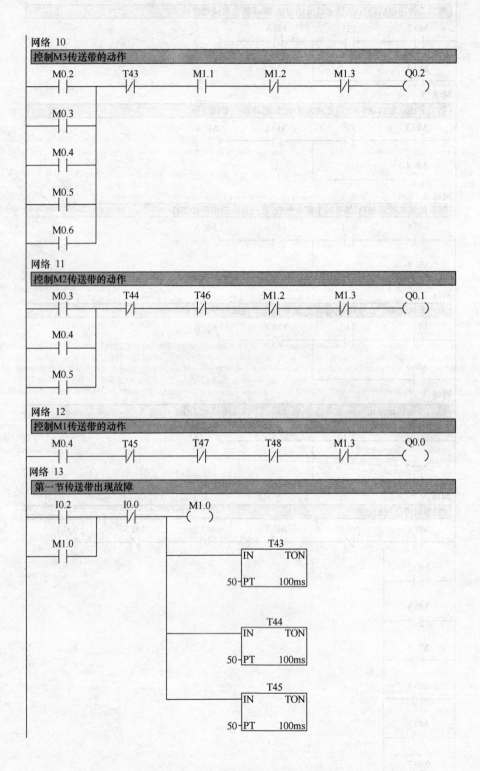

图 7-12　四节传送带控制系统的梯形图（续）

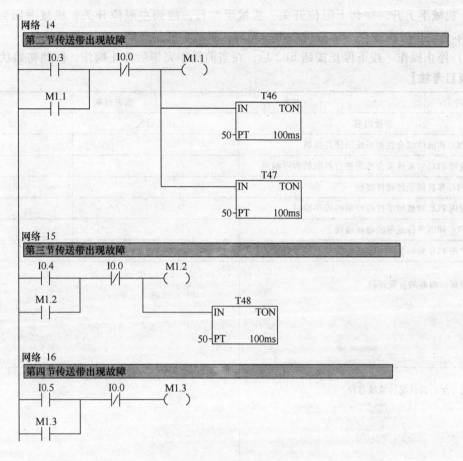

图 7-12 四节传送带控制系统的梯形图（续）

习 题 七

针对机械手控制系统，修改控制要求实现如下功能（用顺序功能图和经验设计两种方法实现）并编写梯形图。

（1）初始状态 初始状态时，左限位开关和上限位开关闭合，机械手停在原位，此时原位指示灯亮。

（2）启动操作

1）按下启动 SB1 按钮，机械手下降（下降指示灯亮，原位指示灯灭），左限位开关和上限位开关断开。

2）机械手下降，碰到下限位开关，下限位开关闭合，机械手夹紧工件（下降指示灯灭，夹紧指示灯亮），3s 后机械手上升（上升指示灯亮），下限位开关断开。

3）机械手上升，碰到上限位开关，机械手右行（右行指示灯亮，上升指示灯灭）。碰到右限位开关，右限位开关闭合，机械手下降（右行指示灯灭，下降指示灯亮），右限位开关断开。

4）碰到下限位开关，机械手放松工件（放松指示灯亮，下降指示灯灭），3s 后机械手上升，下限位开关断开。

5）机械手上升，碰到上限位开关，机械手左行，碰到左限位开关，机械手回到原位，机械手单个工作过程结束，3s 后进入下一循环，机械手开始下降，如此循环往复。

（3）停止操作　按下停止按钮 SB2 后，在当前操作完毕后停止操作，回到初始状态。

【项目考核】

姓名		班级		填表日期	
讲授内容			接受情况		成绩
掌握 PLC 和液体混合控制系统的硬件接线					
掌握应用 PLC 对液体混合系统进行控制的程序编写					
掌握 PLC 和机械手的硬件接线					
掌握应用 PLC 对机械手进行控制的程序编写					
掌握 PLC 和四节传送带的硬件接线					
掌握应用 PLC 对四节传送带进行控制的程序编写					
学生对所学内容的自我评价					
老师对学生听课情况的成绩总评					
对本项目教学的建议及意见					

项目八　PLC 对三相异步电动机的基本控制

【项目目的】

掌握 PLC 和三相异步电动机的硬件接线。

掌握应用 PLC 对三相异步电动机进行自动控制的程序编写。

【项目器材及仪器】

PLC 实训设备、电动机、交流接触器、热继电器、螺钉旋具、尖嘴钳、剥线钳。

【项目注意事项】

1. 在学习过程中可以采用分组的方式进行讨论学习。

2. 在学习过程中注意线路的检查。

3. 项目学习重点应放在实际应用上。

【项目任务】

任务一：PLC 对三相异步电动机的点动控制。

任务二：PLC 对三相异步电动机的常动控制。

任务三：PLC 对三相异步电动机的正反转控制。

任务四：PLC 对三相异步电动机的星-三角减压起动控制。

继电-接触器控制系统经过长期的使用，已有一套能完成系统要求的控制功能并经过验证的控制电路图，PLC 控制的梯形图和继电-接触器控制电路很相似，因此可以直接将经过验证的继电-接触器控制电路转换成梯形图。主要步骤如下：

1）熟悉现有的继电-接触器控制线路。

2）对照 PLC 的 I/O 端子接线图，将继电-接触器电路图上的被控元器件（如接触器线圈指示灯、电磁阀等）换成接线图上对应的输出点编号，将电路图上的输入装置（如传感器、按钮、行程开关等）触点都换成对应的输入点编号。

3）继电器电路图中的中间继电器、定时器，用 PLC 的内部位存储器、定时器来代替。

4）画出梯形图，并予以简化和修改。

这种方法对简单的控制系统是可行的，比较方便，但较复杂的控制电路就不适用了。接下来的四个任务实现了 PLC 对三相异步电动机的常规基本控制。

任务一　PLC 对三相异步电动机的点动控制

一、控制要求

当按下按钮 SB 时，电动机开始转动，松开按钮 SB 时，电动机停止转动。

二、主电路及控制电路接线图

结合实验室实验设备接线，主电路接线图如图 8-1 所示。

当 PLC 的输出为晶体管输出方式时，PLC 的输出不能直接与交流接触器相接，需要通过继电器线圈控制其常闭触头对接触器线圈进行控制。控制电路接线图如图 8-2 所示。

注：不同的实验设备，控制电路接线图可能会有所不同，请根据实际情况灵活改变接线图。

三、软件编程

此任务的控制要求是实现三相异步电动机的点动控制，所以梯形图程序非常简短，如图 8-3 所示。

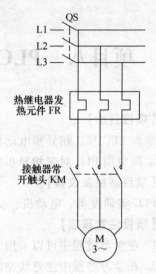

图 8-1　主电路接线图

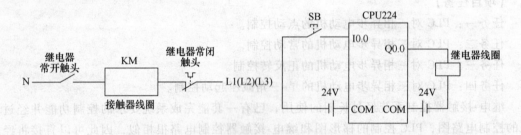

图 8-2　控制电路接线图

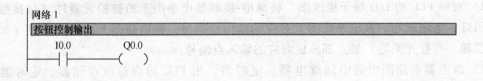

图 8-3　电动机点动控制梯形图

四、程序的调试和运行

调试、下载并运行程序，直至达到满意效果。

任务二　PLC 对三相异步电动机的常动控制

一、控制要求

当按下起动按钮 SB1 时，三相异步电动机开始转动；当按下停止按钮 SB2 时，三相异步电动机停止转动。

二、PLC 输入/输出端子分配及硬件接线图

结合实验室实验设备接线，主电路接线图如图 8-4 所示。

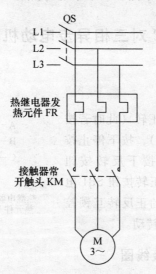

图 8-4　主电路接线图

控制电路接线图如图 8-5 所示。

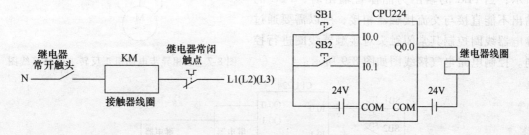

图 8-5　控制电路接线图

三、软件编程

此任务的控制要求是实现三相异步电动机的常动控制，所以梯形图程序非常简短，如图
8-6 所示。

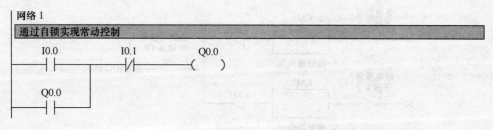

图 8-6　电动机常动控制梯形图

169

四、程序的调试和运行

调试、下载并运行程序，直至达到满意效果。

任务三　PLC 对三相异步电动机的正反转控制

一、控制要求

按下正转按钮 SB1，电动机正转（此时若按下反转按钮 SB2 电动机仍然正转），按下停止按钮 SB3 时，电动机停止转动；按下反转按钮 SB2，电动机反转（此时若按下正转按钮 SB1 电动机仍然反转），即实现电动机的正反转互锁控制；按下停止按钮，电动机停止转动。

二、主电路及控制电路接线图

结合实验室实验设备接线，主电路接线图如图 8-7 所示；控制电路 PLC 外部接线图如图 8-8 所示；当 PLC 的输出为晶体管输出时，PLC 的输出不能直接与交流接触器相接，所以需要通过继电器线圈控制其常闭触头对接触器线圈进行控制。控制电路电气接线图如图 8-9 所示。

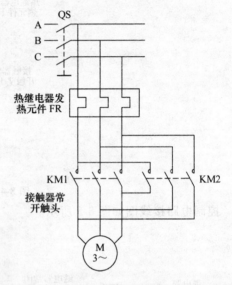

图 8-7　三相异步电动机正反转主电路接线图

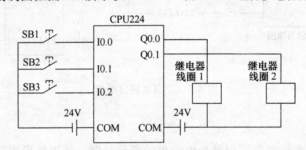

图 8-8　三相异步电动机正反转控制电路 PLC 外部接线图

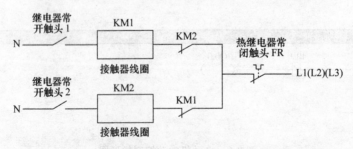

图 8-9　三相异步电动机正反转控制电路电气接线图

三、软件编程

此任务的控制要求是实现三相异步电动机的正反转控制，PLC 梯形图程序如图 8-10 所示。

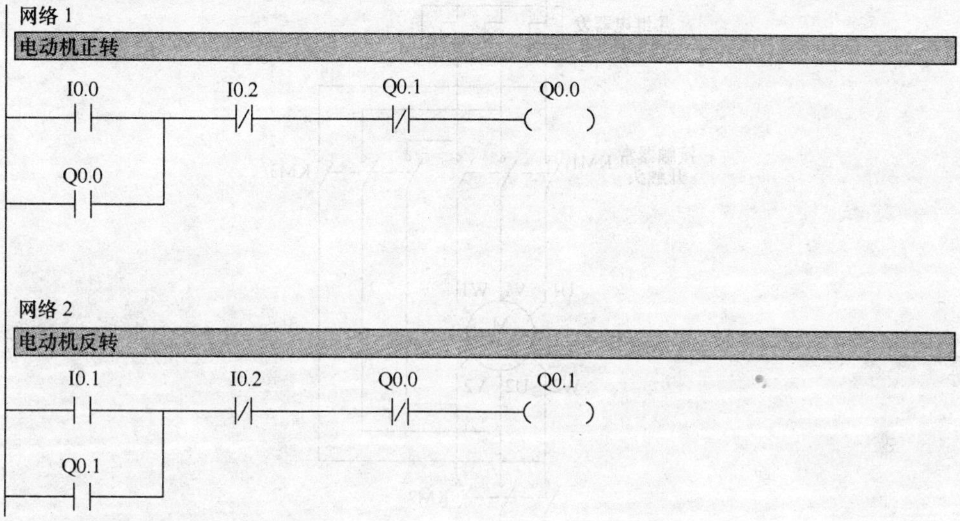

图 8-10　三相异步电动机正反转控制梯形图

四、程序的调试和运行

调试、下载并运行程序，直至达到满意效果。

任务四　PLC 对三相异步电动机的星-三角减压起动控制

一、控制要求

按下起动按钮 SB1 三相异步电动机以星形联结方式起动，5 s 后以三角形联结方式运行，若按下停止按钮 SB2，电动机停止转动。

二、主电路及控制电路接线图

结合实验室实验设备接线，主电路接线图如图 8-11 所示；控制电路 PLC 外部接线图如图 8-12 所示；当 PLC 的输出为晶体管输出方式时，PLC 的输出不能直接与交流接触器相接，所以需要通过继电器线圈控制其常闭触头对接触器线圈进行控制，控制电路电气接线图如图 8-13 所示。

三、软件编程

此任务的控制要求是实现三相异步电动机的星-三角减压起动控制，PLC 梯形图程序如图 8-14 所示。

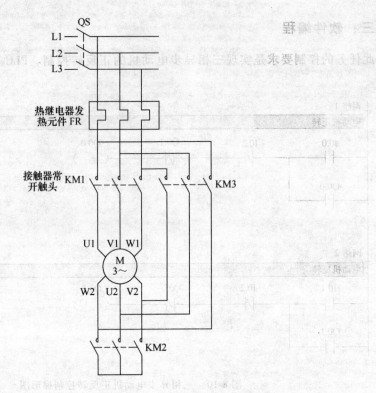

图 8-11　三相异步电动机星-三角减压起动主电路接线图

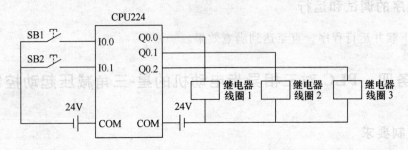

图 8-12　三相异步电动机星-三角减压起动控制电路 PLC 外部接线图

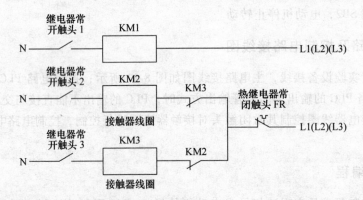

图 8-13　三相异步电动机星-三角减压起动控制电路电气接线图

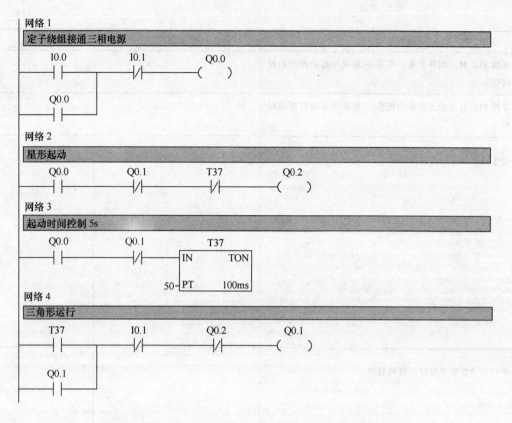

图 8-14 三相异步电动机星-三角减压起动控制梯形图

四、程序的调试和运行

调试、下载并运行程序,直至达到满意效果。

习 题 八

针对三相异步电动机按如下控制要求实现相应功能并编写梯形图。

控制要求:按下正转按钮 SB1,电动机正转,3s 后电动机反转,再过 3s 后电动机反转,依此循环按下停止按钮 SB3 电动机停止转动;按下反转按钮 SB2 电动机反转,再过 3s 后电动机正转,再过 3s 后电动机反转,依此循环,按下停止按钮 SB3 电动机停止转动。

【项目考核】

讲授内容	接受情况	成绩
掌握 PLC 对三相异步电动机点动控制的硬件接线		
掌握 PLC 对三相异步电动机点动控制的程序编写		
掌握 PLC 对三相异步电动机常动控制的硬件接线		
掌握 PLC 对三相异步电动机常动控制的程序编写		
掌握 PLC 对三相异步电动机正、反转控制的硬件接线		
掌握 PLC 对三相异步电动机正、反转控制的程序编写		

（续）

讲授内容	接受情况	成绩
掌握 PLC 对三相异步电动机星-三角减压起动控制的硬件接线		
掌握 PLC 对三相异步电动机星-三角减压起动控制的程序编写		
学生对所学内容的自我评价		
老师对学生听课情况的成绩总评		
对本项目教学的建议及意见		

参 考 文 献

[1]   马宏革，张建军．可编程控制技术［M］．北京：化学工业出版社，2011．

[2]   陈立定，吴玉香，苏开才．电气控制与可编程控制器［M］．广州：华南理工大学出版社，2003．

[3]   姜建芳．西门子 S7-200 PLC 工程应用技术教程［M］．北京：机械工业出版社，2010．

[4]   吉顺平．西门子 PLC 与工业网络技术［M］．北京：机械工业出版社，2008．

[5]   廖常初．PLC 基础及应用［M］．北京：机械工业出版社，2011．

[6]   赵景波．西门子 S7-200 PLC 实践与应用［M］．北京：机械工业出版社，2012．

[7]   程子华，刘小明．PLC 原理与编程实例分析［M］．北京：国防工业出版社，2010．

[8]   高强，马丁．西门子 PLC 应用程序设计实例精讲［M］．北京：电子工业出版社，2009．

[9]   巫莉．电气控制与 PLC 应用［M］．北京：中国电力出版社，2008．

[10]   王庭友．可编程控制器原理及应用［M］．北京：国防工业出版社，2005．

[11]   杨青峰．可编程控制器原理及应用［M］．西安：西安电子科技大学出版社，2010．

[12]   胡汉文编．电气控制与 PLC 应用［M］．北京：人民邮电出版社，2009．

[13]   周四六．可编程控制器应用基础［M］．北京：人民邮电出版社，2010．

[14]   李长军．西门子 S7-200 PLC 应用实例解说［M］．北京：电子工业出版社，2011．

[15]   韩占涛．西门子 S7-200 PLC 编程与工程实例详解［M］．北京：电子工业出版社，2013．

[16]   王曙光．S7-200 PLC 应用基础与实例［M］．北京：人民邮电出版社，2007．

[17]   姜新桥．PLC 应用技术项目教程［M］．北京：电子工业出版社，2010．